2012—2013

草业科学

学科发展报告

REPORT ON ADVANCES IN
PRATACULTURAL SCIENCE

中国科学技术协会　主编
中国草学会　编著

中国科学技术出版社
·北　京·

图书在版编目（CIP）数据

2012—2013草业科学学科发展报告／中国科学技术协会主编；中国草学会编著．—北京：中国科学技术出版社，2014.2

（中国科协学科发展研究系列报告）

ISBN 978-7-5046-6524-9

Ⅰ.①2… Ⅱ.①中… ②中… Ⅲ.①草原学-学科发展-研究报告-中国-2012—2013 Ⅳ.①S812-12

中国版本图书馆CIP数据核字（2014）第003728号

策划编辑	吕建华　赵　晖
责任编辑	韩　颖　吕秀齐
责任校对	韩　玲
责任印制	王　沛
装帧设计	中文天地

出　　版	中国科学技术出版社
发　　行	科学普及出版社发行部
地　　址	北京市海淀区中关村南大街16号
邮　　编	100081
发行电话	010-62103354
传　　真	010-62179148
网　　址	http://www.cspbooks.com.cn

开　　本	787mm×1092mm　1/16
字　　数	240千字
印　　张	10.75
版　　次	2014年4月第1版
印　　次	2014年4月第1次印刷
印　　刷	北京市凯鑫彩色印刷有限公司
书　　号	ISBN 978-7-5046-6524-9/S·571
定　　价	39.00元

2012—2013
草业科学学科发展报告

REPORT ON ADVANCES IN
PRATACULTURAL SCIENCE

首席科学家 王 堃

专 家 组

组 长 马有祥 邓 波

成 员 （按姓氏笔画排序）

马有祥 王明玖 王宗礼 王德利 邓 波
玉 柱 师尚礼 朱进忠 刘永志 刘国道
李 聪 李向林 李凌浩 杨振海 沈益新
张英俊 张泽华 呼天明 周 禾 侯向阳
侯扶江 高洪文 韩烈保

学术秘书 陈力玉 张朋超 布仁巴音

序

科技自主创新不仅是我国经济社会发展的核心支撑，也是实现中国梦的动力源泉。要在科技自主创新中赢得先机，科学选择科技发展的重点领域和方向、夯实科学发展的学科基础至关重要。

中国科协立足科学共同体自身优势，动员组织所属全国学会持续开展学科发展研究，自 2006 年至 2012 年，共有 104 个全国学会开展了 188 次学科发展研究，编辑出版系列学科发展报告 155 卷，力图集成全国科技界的智慧，通过把握我国相关学科在研究规模、发展态势、学术影响、代表性成果、国际合作等方面的最新进展和发展趋势，为有关决策部门正确安排科技创新战略布局、制定科技创新路线图提供参考。同时因涉及学科众多、内容丰富、信息权威，系列学科发展报告不仅得到我国科技界的关注，得到有关政府部门的重视，也逐步被世界科学界和主要研究机构所关注，显现出持久的学术影响力。

2012 年，中国科协组织 30 个全国学会，分别就本学科或研究领域的发展状况进行系统研究，编写了 30 卷系列学科发展报告（2012—2013）以及 1 卷学科发展报告综合卷。从本次出版的学科发展报告可以看出，当前的学科发展更加重视基础理论研究进展和高新技术、创新技术在产业中的应用，更加关注科研体制创新、管理方式创新以及学科人才队伍建设、基础条件建设。学科发展对于提升自主创新能力、营造科技创新环境、激发科技创新活力正在发挥出越来越重要的作用。

此次学科发展研究顺利完成，得益于有关全国学会的高度重视和精心组织，得益于首席科学家的潜心谋划、亲力亲为，得益于各学科研究团队的认真研究、群策群力。在此次学科发展报告付梓之际，我谨向所有参与工作的专家学者表示衷心感谢，对他们严谨的科学态度和甘于奉献的敬业精神致以崇高的敬意！

是为序。

2014 年 2 月 5 日

前言

草业科学是以草地农业系统及其组分为对象，研究草与草地属性、功能及其合理利用的学科。通过多学科交叉和草业科学理论与技术的创新，草业科学形成了一套具有鲜明学科特色的理论体系与方法论体系。现代草业科学发轫于20世纪20年代，其土壤—牧草—动物三位一体理论、草原演替理论、草地资源类型学和草地资源分区理论等形成了草地生态系统学。20世纪80年代以后，我国草原学开始强化草地资源的生态功能和产品加工流通等，学科内容从草原学时期传统的牧草生产与草地畜牧业生产，向前延伸发展了草地资源的生态属性，包括景观、绿地、自然保护区等，向后拓展了草、畜产品的初加工及其后续产业，涉及草业生产过程的生物因子、非生物因子和社会因子相互作用的生态与生产系统，在草原学的基础上逐渐发展形成了新兴的草业科学。

我国的草业科学研究落后于发达国家，差距明显。在传统重点领域上，国外研究以牧草及人工草地、天然草原为重点，其中在牧草及人工草地方面的研究超过天然草地方面的研究，而我国草业科学的研究则以天然草原为主；在热点前言领域上，我国起步较晚，多数国家都起步于20世纪90年代，而我国于21世纪初才出现激增现象，同时表现出跟踪国际的研究状态。目前，我国草业科学研究存在的主要问题为：传统观念束缚草业科技的发展，科技投入不足，技术成果偏少，缺乏自主创新成果，科技对产业贡献明显不足等。产业的发展必须有强有力的科技支撑，加强自主创新，加速成果转化，提升产业的内动力，这是今后中国草业科学技术发展的主要任务。

本报告是在中国科协的指导和资助下，由中国草学会组织专家学者在收集资料、调查研究和充分掌握信息的基础上，经过多次研讨和修改完成的。前后有40多位专家学者参与了本报告的编写和修改工作。

由于草业科学为交叉学科，涵盖面非常广，又受篇幅的限制，很难给出一个反映学科发展全貌的报告。基于学科特点，本着突出重点、展示学科特色的原则，本报告重点对草遗传育种学、饲草栽培学、饲草加工学、草地植物保护学、草地资源与生态、草地经营与管理和草坪学七个领域近年来的研究发展进行了阐释。

这是中国草学会第一次组织编写本学科发展研究报告。在报告编写过程中，许多专家学者都积极提供资料和提出宝贵意见，同时，研究工作得到了中国科协的大力支持，在此一并表示衷心感谢。撰写人在报告编写过程中力求客观、准确，但受时间和经验所限，难免挂一漏万、有所偏颇，望广大读者批评指正。

中国草学会

2013年11月

目 录

综合报告

专题报告

ABSTRACTS IN ENGLISH

Comprehensive Report

Reports on Special Topics

综合报告

草业科学学科发展现状与展望

一、引言

我国自古以来对草就颇为重视。“莱谷均为草部”，认为草是农业的本源。由于我国丰富的草本植物资源，形成了古代多部中草药、植物学的巨著。此外，《齐民要术》等各类农书也是古代涉及草类科学的重要著作。中国古代这些对草的论著深刻地反映出草业生产思想在中国古代时期就已经开始萌芽。鸦片战争后，很多外国探险家、植物采集分类学家、地理学家和土壤学家等对我国的植被和植物进行了多方面研究，并形成了我国草学研究的最早资料。但真正现代意义上的草业科技是从 20 世纪 30 年代开始的，特别是在新中国成立以后，草业科技才得到迅速发展。

新中国成立初期，我国草地科学家在草地调查的基础上，借鉴国外草地分类学理论，提出了中国草地分类体系，这是全面认识我国草地和合理规划管理利用草地的理论基础。①草地资源调查与评价。20 世纪 60 年代以后进行的草场资源调查，在学术上丰富了从前苏联吸收来的草场类型学，使之更趋完善，更适合于我国国情。以等级评价、生产力评价、营养评价、利用评价、立地条件评价为中心的草地资源评价理论和方法初步形成，草地资源调查方法更趋完善和系统。同时，提出了草场地带性畜牧业、建立我国草地自然保护区等学术见解。②草地改良及划区轮牧技术。任继周在我国首次提出了划破草皮、改良高山草原的理论。最早将西方和前苏联的划区轮牧先进理论和方法全面引进我国，并在试验和实践的基础上，提出了具有我国特色的高山草原整套划区轮牧实施方案，是我国早期草地合理利用的标志。③草地生态学、放牧生态学研究。我国科学家针对载畜量单位在评定草原生产力中存在的弊端，提出了畜产品单位的概念。④南方草地利用技术。贾慎修 1973 年开始在湖南南山牧场建立中国南方第一个草山草坡改良试验研究站，研究南方草地改良利用技术，并和新西兰、澳大利亚合作开发我国水热条件优异的南方草地，其理论与技术是我国南方草地农业的启蒙。

改革开放以后，现代草业科技体系得到快速发展，各省区相继成立了畜牧研究所所属的牧草研究室，全面开展了草业的基础研究。①遥感信息技术研究。从 1979 年开始的全国范围草地资源统一调查中，应用了遥感、计算机等技术，成功地对我国进行了草地类型的数量分类以及草地资源评价和草地开发利用的研究。②划区轮牧技术研究。为加强草地管理及其合理利用，全面开展了草地管理与草地生态的研究，季节性畜牧业和划区轮牧的大量成果已应用于生产。③牧草引种驯化技术研究。全国20多所大专院校和科研单位建立了全国性优良牧草和草坪草引种育种实验网，开展了牧草引种、育种、种质资源和种子检验研究，在不同类型地区引种驯化、筛选培育了多种当家优良牧草。④生物防治技术研究。牧草病虫害防治技术与体系的研究成果已经应用于生产，如生物灭蝗、病毒防治草原毛虫、鹰架（墩）招鹰灭鼠、C型肉毒梭角毒素灭鼠等。

20世纪90年代至今，现代草学研究和技术得到了突飞猛进的发展。①牧草种质资源和新品种选育技术发展迅速。在现代生物技术助推下，此项研究达到了前所未有的发展速度，截至2013年全国已审定登记的饲草及草坪草品种462个，其中育成品种172个，地方品种52个，引进品种142个，野生栽培品种96个。②南方草地研究获得突破性进展。在对我国南方主要区域的草山草坡进行系统定位研究中，获得了一批丰硕的科技成果。③农牧生态交错带综合研究全面开展。农牧交错带的形成、土地覆被利用变化的格局与空间动态、农牧复合生态系统的特点及演替驱动力等多方面的理论及应用基础利用技术的研究，不仅丰富了我国农牧交错带的理论与实践，而且对农牧交错带地区的经济发展有重要作用。④草地信息技术的崛起。3S（遥感、地理信息系统、全球定位系统）技术使草地资源监测、管理及利用等发生了根本性变化。

我国草业科技思想体系在新中国成立前以欧美为主，20世纪50年代又以学习引进前苏联的思想体系为主。近20年来，我国在吸收世界各国草业科技思想体系的基础上，逐步形成了适应我国情况的较为完整的体系，而且在草学理论上有了突破性的进展。

1984年，我国科学家钱学森把现代系统工程学的理论和方法运用于草地资源综合开发，首次提出了创立知识密集型草业的理论，即以草地和牧草为基础，通过家畜、生物、化工、机械等一切可以利用的现代科技手段，建立高度综合的、能量循环的、多层次高效益的生产系统。之后，在任继周等草学家的研究发展下，这一理论的创立得到中国科学界的肯定和国家的采纳。它奠定了草业的科学理论基础，把中国草地科学发展到一个新的高度，具有划时代的意义。1985年，钱学森进一步诠释了知识密集型草产业的含义，并提到了农区和林区的草业，奠定了完整的草学和草业生产范畴，并在1987年给草业创造了Prataculture这一国际名称。在这一科学认知的基础上，经任继周、贾慎修、祝廷成、洪绂曾、李毓堂、许鹏、李博等老一辈科学家和草业界广大科技工作者共同努力，草原科学发展为草学。与此同时，任继周1984年提出了草地农业生态系统的概念，论证了草业发生与发展；1990年提出草业生产的四个生产层的论点，1995年完整地论述了草地农业生态系统的基本概念、结构、功能、效益评价等问题；在基本结构问题上，详细地论证了草业的前植物（景观、环境、游憩）生产、植物（牧草、作物、林木等）生产、动物（家畜、野生动物及动物产品）生产、后生物（草畜产品加工、流通）生产四个生产层的产业系统。草业系统工程思想和建立的草业生态系统理论，将草业的基本结构由土—草—畜系统，扩展和提升为前植物—植物—动物—后生物四个生产层，使草业具有了更多的生产功能。与俄罗斯的草地经营（Лyгoвoдcтвo）、美国的草原管理（Range management）和英联邦国家的草地科学（grassland science）理论相比，我国的草学指导思想具有更丰富、更系统的科学内涵，也具有更强的产业概括性。草学系统工程理论创造性地发展和提升了我国草业科技思想，使我国的草业科技思想理论达到了世界先进水平。

目前，我国草学研究趋势包括基础和应用两个方面。基础研究的趋势和重点包括：草地植物多样性保护和利用、草地生理生化机理、草畜关系与放牧管理、受损草地生态系统的恢复与重建、草地畜牧业优化配置与草地资源信息管理以及全球气候变化对草地生态系统的影响等。应用研究的趋势和重点包括：人工草地建植与可持续利用技术、牧草育种技术、退化草地改良技术、牧草收获加工技术、家畜舍饲和半舍饲技术等。

草地生态系统作为世界上最主要的陆地生态系统之一，在全球可持续发展战略中占有重要地位。我国是世界上的第二草地大国，草地面积是耕地的三倍、林地的两倍，这是我国草地畜牧业发展的基地，也是我国生态环境建设的主体，与林地共同构成了我国生态环境的屏障。草学研究的不断加深对草地生态系统的可持续发展具有重要意义。本报告在综述我国草业科技发展历程的基础上，结合国际草业科技的发展趋势，透视我国草业科技取得的成就、存在的问题及新时期的发展趋势，为我国草业科技的健康发展提供指导。

二、我国草业科学学科最新研究进展

（一）草遗传育种学

1. 草种质资源的收集保存与资源共享

草种质资源是控制草各种性状的基因载体，是可供育种及相关研究利用的各种生物类型，凡能用于草品种遗传育种研究的生物体均可称为草种质资源，包括各类品种、突变体、野生种、近缘种、无性繁殖器官、细胞或组织、单个染色体或基因、DNA 片段等。迄今为止，全国已建成 1 个中心库——全国畜牧总站牧草种质资源保存利用中心（北京），2 个备份库——温带草种质备份库（中国农业科学院草原研究所，呼和浩特），热带草种质备份库（中国热带农业科学院热带作物品种资源研究所，儋州）。至 2011 年，低温种质库共保存草种质材料 41214 份，分属 82 科、478 属、1420 种。其中，中心库保存草种质材料 23502 份；温带草种质备份库保存草种质材料 11000 份；热带草种质备份库保存草种质材料 3000 份，国家作物种质长期库保存草种质材料 3712 份。资源圃田间无性材料保存 12 科 35 属 69 种 588 份。离体保存草种质材料 482 份。草地类保护区主要保护 105 个科 568 个属 1643 个种。建立了 10 个生态区域技术协作组（包括东北、华北、华东、华中、华南、西南、黄土高原、青藏高原、内蒙古、新疆区域牧草种质资源保护技术协作组）。制定了《草种质资源保存技术规程》NY/T 2126-2012、《牧草种质资源田间评价技术规程》NY/T 2127-2012、《草种引种技术规范》NY/T 1576-2007 行业标准以及《牧草区域试验技术规程》DB51/T 666-2007 地方标准，研发牧草种质资源描述规范和数据标准 116 套，建立了“国家草种质资源保护管理系统”和“国家牧草种质资源共享平台”，使我国草种质资源收集、整理、保存和共享利用逐步标准化、信息化和现代化。

2. 草种质资源评价鉴定与创新利用

截至目前，已初步完成草种质资源农艺性状评价鉴定 21590 份，抗性评价鉴定 5519 份。其中，抗病虫鉴定种质 661 份，抗旱鉴定 1578 份，抗寒鉴定 405 份，耐盐鉴定 2556 份，耐热鉴定 156 份，其余 163 份。种质分发利用 4089 份。

自 1987 年全国牧草品种（后改为“草品种”）审定委员会正式成立至 2012 年，全国共建成横跨 28 个省区市的 52 个草品种区域试验站，共培育登记注册的国审新草品种 462 个，其中育成品种 172 个，引进品种 142 个，地方品种 52 个，野生栽培驯化品种 96 个。同时，利用分子生物学等新技术，从苜蓿、中间偃麦草、苇状羊茅、早熟禾、冰草等草资源中分离克隆出一批与抗旱、耐盐、品质、抗病等相关的基因，并进行了功能鉴定及其遗传转化的研究，为新草品种选育与新种质创制发挥了积极作用。此外，近年来，我国草学研究者从苜蓿、中间偃麦草、苇状羊茅、早熟禾、冰草等牧草和草坪草中分离克隆出一批与耐盐、品质、抗病等相关的基因，并进行了功能鉴定；开展了苜蓿耐盐、抗旱、品质改良等方面基因工程育种研究；初步建立了四倍体偃麦草的分子标记连锁图，对低温影响牧草生长及代谢产物积累的 QTLs 进行了分析；还开展了类玉米和黑麦草等抗病基因的克隆和生物信息学分析等研究，并先后发表了多篇在国际上有较大影响的 SCI 论文。

3. 草遗传育种技术

草种质创新育种方法很多，包括选择育种、杂交育种、诱变育种、杂种优势利用、多倍体育种、抗病虫育种、生物技术育种等，以杂交、诱变及转基因方法为主，而有性杂交仍然是目前种质创新的最有效方法。如对羊茅属和黑麦草属进行的远缘杂交以及小麦族内多年生牧草（冰草属、披碱草属、赖草属、大麦属）进行的种、属间杂交，创制了一批有特殊育种价值的材料。利用搭载返回式卫星，以苜蓿、沙打旺、新麦草、红豆草、柱花草、垂穗鹅观草、无芒雀麦、杂种冰草等航天诱变牧草种子为材料，建立牧草多因素诱变育种技术体系，创制了一批有潜力的新种质。通过倍性育种技术，获得了在产量、品质、抗逆性等性状上表现突出的红三叶等牧草新种质 19 个，培育新品系 13 个，制定了冰草和新麦草倍性育种技术体系 2 项；研制了新麦草愈伤组织及体细胞染色体加倍技术和冰草属种间杂种 F1 代植株染色体加倍技术体系，草地羊茅花药愈伤组织分化培养和利用游离小孢子培养获得鸭茅单倍体植株技术。主要针对耐逆性、抗病虫性、品质改良、育性等育种目标，先后克隆出几十个重要牧草相关基因，但迄今为止，我国尚无转基因牧草品种育成，只有少数几个转基因草（草地早熟禾、高羊茅、紫花苜蓿等）的株系获得国家农业转基因生物安全委员会批准进行小规模的中间试验，不久的将来我国也将培育出转基因的草新品种。

（二）饲草栽培学

长期以来，我国对饲草栽培科学技术研究的经费投入严重不足，以至对饲草生产实践难以形成强有力的科技支撑。尽管环境条件不利，执着的饲草栽培科技工作者依然取得了一些可圈可点、值得称道的研究成果。

1. 饲草生长发育及其与环境的关系

在陕西关中地区研究了紫花苜蓿生长发育与气温的关系，发现苜蓿返青的临界温度为日均温≥5℃，自日均温≥5℃初日到返青所需日数15天左右、生长积温约90℃、有效积温30℃左右；苜蓿分枝、现蕾、开花和结荚的气温下限依次为6℃、14℃、17℃和22℃，分枝—现蕾、现蕾—开花和开花—结荚等生育阶段所需日数与该阶段平均温度呈负相关（刘玉华，2006）。

2. 饲草种植技术

在洪绂曾等于20世纪80年代完成的“全国多年生栽培草种区划研究”的基础上，开展了“中国栽培草种区划研究”，主要进展有四：①将一二年生草种纳入区划范畴；②依据应用方向将草种划分为人工草地、草原改良和生态建设3类；③区域划分以水热条件为基本依据，辅以地形地貌特征，区域命名因之增加了水热条件限定；④依据水热条件对部分栽培区域进行了调整（孙洪仁，2009）。提出了草种选择的5项原则，即适应当地生态环境、改善当地种植制度、生产效率高、经济效益高和生态价值高（孙洪仁，2009）。

开展了北京地区紫花苜蓿根瘤菌接种剂的研制，筛选出高效菌株2株，制备了种衣剂和草炭剂2种剂型，田间试验增产效果十分显著（刘西莉等，2007）。开展了中苜1号紫花苜蓿高效共生根瘤菌的筛选，筛选出高效菌株1株（杨青川等，2007）。开展了新疆耐盐高效苜蓿根瘤菌的分离和筛选，从采自14个地、州的132份土样中分离、纯化得到苜蓿根瘤菌株81株，筛选出高效菌株1株（孙杰等，2009）。

开展了高寒牧区老芒麦和燕麦播种技术研究，结果表明，春播以土壤刚解冻的早春为宜，寄籽播种最佳时期为土壤即将结冻的秋末冬初；播种前土地旋耕优于重耙，重耙、轻耙皆优于免耕（戴良先等，2006，2007）。开展了科尔沁沙地苜蓿播种技术研究，结果表明，6月上旬之前为安全越冬播种期；播种前土壤深耕（28 ~ 30cm）优于浅耕（12 ~ 15cm）和中深耕（20 ~ 22cm），中深耕优于浅耕；犁沟（15cm）干埋等雨播种优于平作雨后播种；播种量以11 ~ 19kg/km^{2}为宜（孙启忠等，2008）。开展了黑龙江省中温带黑土区紫花苜蓿播种技术研究，结果表明，7月份播种优于8月中旬，行距15cm平作优于行距30cm平作和行距60cm垄作（王占哲等，2008）。开展了半干旱地区苜蓿旱作播种技术研究，结果表明，播种方式条播优于撒播，播种深度2cm优于3.5cm和5cm，播种量20kg/km^2

优于 12kg/km^2 和 27kg/km^2（赵萍等，2010）。在呼和浩特的研究表明：草原 3 号苜蓿播种密度越大，播期越晚，生长越缓慢，越冬率越低；7 月初播种，越冬率可达 100%，8 月中旬以后播种，越冬率为 0；早播有利于第 2 年的返青生长；条播行距 40cm 时，苗期密度以 100 苗 / 米为宜（贾鲜艳等，2012）。

开展了苜蓿保护播种试验，结果表明，苜蓿产草量随着保护作物荞麦播种量的增加而逐渐降低（孙启忠等，2008）。进行了岷山红三叶保护播种试验，结果表明，冬小麦降低了岷山红三叶播种当年产草量，对第 2 年没有影响（杜文华等，2009）。

3. 饲草养分管理

一些科研团队在不同地区开展了饲草的施肥效应研究，部分学者将“3414”试验设计引入饲草施肥研究，紫花苜蓿土壤养分丰缺指标及推荐施肥量研究开始起步。

在新疆昌吉市开展了紫花苜蓿氮、磷和钾配施及微量元素应用研究（阿不来提等，2006）。在新疆库尔勒市进行了不同养分与施用量组合对紫花苜蓿产草量影响的研究（艾尔肯等，2006）。在宁南扬黄灌区开展了紫花苜蓿氮、磷和钾最优配施方案研究（温学飞等，2006）。在湖北洪湖研究了氮磷肥配施对黑麦草产草量及养分吸收的影响，苏丹草—黑麦草轮作中氮磷钾肥效果及养分利用率（鲁剑巍等，2007）。在河南郑州进行了氮、磷、钾对紫花苜蓿产草量影响的研究（介晓磊等，2009）。在内蒙古武川县和准格尔旗进行了紫花苜蓿氮、磷和钾肥料效应研究（段玉等，2010）。

在内蒙古通辽市采用“3414”试验设计研究了氮、磷、钾配施对紫花苜蓿产草量的影响（范富等，2006）。在云南玉溪采用“3414”试验设计研究了紫花苜蓿氮、磷、钾适宜施肥量（宋云华等，2008）。在湖北黄陂采用“3414”试验设计研究了氮磷钾肥用量对紫云英产草量的影响（鲁剑巍等，2009）。在新疆伊犁采用“3414”试验设计研究了氮磷钾配施对混播草地产草量和牧草品质的影响（李学森等，2010）。采用“3414”试验设计初步研究了河北省坝上地区旱作条件下紫花苜蓿的氮、磷、钾适宜施用量（孙洪仁等，2012）。

采用盆栽试验法初步探讨了新疆昌吉市紫花苜蓿土壤有效氮、磷和钾的丰缺指标（蒋平安等，2004）。采用盆栽试验法初步探讨了河北省坝上地区和沧州地区紫花苜蓿土壤有效磷、钾、铁、锰和锌的丰缺指标（孙洪仁等，2010，2011，2012）。在利用该团队田间试验数据和总结全国苜蓿施肥研究结果的基础上，推出了中国五大苜蓿种植区（东北平原区、黄淮海地区、黄土高原区、内蒙古高原区和西北荒漠绿洲区）的土壤有效磷、钾丰缺指标及不同目标产量水平下的推荐施肥量第 1 稿和第 2 稿（孙洪仁等，2011，2013）。

4. 饲草水分管理

近年来，以紫花苜蓿为代表的饲草耗水规律和紫花苜蓿地下滴灌技术研究取得明显进展。

连续 5 年采用大型非称重式蒸渗仪法的研究表明：山东禹城紫花苜蓿的需水量为 700 ~ 850mm，串叶松香草的需水量为 500 ~ 700mm，黑麦、小黑麦、青贮玉米、高丹草和籽粒苋的需水量为 300 ~ 400mm；紫花苜蓿的作物系数为 1.08，其他 6 种牧草为 0.79 ~ 0.94（欧阳竹等，2011）。采用 Penman–Monteith 公式—作物系数法和田间水分平衡法的研究表明：鄂尔多斯青贮玉米的需水量约为 590mm，需水强度动态曲线为单峰型，苗期最低，约 4mm/d，抽穗期最高，高达 11mm/d 以上，收获期降至 6mm/d 以下；紫花苜蓿的需水量为 900 ~ 1050mm，需水强度返青期和末次刈割期较低，约 3mm/d，6 月下旬至 8 月中旬较高，7 ~ 9mm/d（郭克贞等，2005，2006，2007）。采用 7 种方法研究了锡林郭勒草原青贮玉米和紫花苜蓿的需水量，结果分别为 380 ~ 450mm 和 570 ~ 620mm（郭克贞等，2010）。采用有底测坑法在甘肃张掖临泽荒漠绿洲区的研究表明：内部绿洲紫花苜蓿全生长季的需水量为 584mm，需水强度为 3.0mm/d，耗水系数为 340；边缘绿洲紫花苜蓿全生长季的需水量为 946mm，需水强度为 4.9mm/d，耗水系数为 551（苏培玺等，2010）。采用 Penman–Monteith 公式—作物系数法的研究表明，新疆阿克苏之渭干河—库车河三角洲绿洲区紫花苜蓿全生长季的需水量为 987mm（满苏尔・沙比提等，2007）。采用 Penman–Monteith 公式—作物系数法的研究表明，新疆石河子垦区紫花苜蓿全生长季的需水量为 690mm（陈阜等，2009）。采用无底测坑法的研究表明，新疆阿勒泰福海荒漠绿洲区紫花苜蓿全生长季的需水量为 810mm，作物系数为 1.17（刘虎等，2011）。采用小型称重式蒸渗仪法的研究表明：在北京的平原区，紫花苜蓿建植当年全生长季的需水量为 900 ~ 930mm，需水强度为 4.4 ~ 4.5mm/d，行间蒸发占蒸散量的比例为 25% ~ 26%，经济产量耗水系数为 780 ~ 810，经济产量水分利用效率为 12 ~ 13kg/（hm^2・mm）（孙洪仁等，2006，2007，2009）。连续 4 年采用大型非称重式蒸渗仪法的研究表明：河北坝上地区全生长季紫花苜蓿的需水量为 430 ~ 720mm，需水强度为 3.1 ~ 4.9mm/d，经济产量耗水系数为 480 ~ 1020，经济产量水分利用效率为 10 ~ 22kg/（hm^2・mm），作物系数为 0.77 ~ 1.12；随着灌溉量加大，紫花苜蓿耗水量增加，产草量提高，接近灌溉需要量时产草量达最高；灌溉量与灌溉需要量之比为 1.0 时，紫花苜蓿水分利用效率最高，偏离 1.0 越远，降幅越大，耗水系数则相反；耗水量与需水量之比在 0.70 ~ 1.00 时，紫花苜蓿水分利用效率最高，偏离越远，降幅越大，耗水系数则相反（孙洪仁等，2008，2009，2011）。系统地探讨了紫花苜蓿的耗水规律及其影响因子，结论如下：全世界紫花苜蓿的全生长季需水量范围为 400 ~ 2250mm，全生长季需水强度范围为 3 ~ 7mm/d，短期极值可高达 14mm/d；建植当年和生长 2 年及以上的经济产量耗水系数范围分别为 700 ~ 1050 和 400 ~ 700；建植当年和生长 2 年及以上的经济产量水分利用效率范围分别为 9 ~ 14kg/（hm^2・mm）和 14 ~ 29kg/（hm^2・mm）（孙洪仁等，2005）。

在新疆奎屯的研究表明，紫花苜蓿滴灌带埋深 20cm 和 35cm 优于 10cm（李守明等，2007）。在陕西榆林靖边的研究表明，紫花苜蓿滴灌带埋深 30cm、间距 90cm 最佳（汪有科等，2009）。

5. 饲草混播、间作、草田轮作及种植模式

西北农林科技大学郝明德团队、李凤民团队、程积民团队、贾志宽团队和韩清芳团队的研究表明，黄土高原旱作苜蓿连作年限过长将导致土壤水分过度消耗进而出现“伏干层”，粮草轮作有利于土壤水分恢复。中山大学杨中艺团队、辛国荣团队的研究表明，亚热带地区冬闲田种植多花黑麦草的经济、社会和生态效益十分可观。

（三）饲草加工学

饲草产品加工是植物生产层的延续，是动物生产层的基础。饲草产品是指用于畜牧业、食品业和工业的草捆、青贮、饲草叶蛋白、草块、草颗粒等。饲草产品的加工包括饲草收获、运输、加工设备制造，饲草产品生产，饲草产品运输，饲草产品销售等环节。饲草产品加工与经济管理学科是研究饲草原料的物理、化学、生物学特性，饲草加工与贮藏有益微生物种质资源挖掘与创制，饲草产品养分优化与安全控制，优质饲草产品生产、加工与贮藏技术创新与集成，饲草产品加工设施装备开发与利用，饲草产品品质检测分析与评价，饲草产品养分在动物体内的高效利用与转化，动物产品生产与饲草产品生产的相辅相成，饲草产品的多样化应用技术，并且运用经济学与管理学的相关理论与技术措施，实现生产过程中的资源优化配置的集基础理论研究与实践应用研究为一体的综合型学科。

1. 饲草适时刈割收获与干燥技术

不同区域、不同生产规模、不同利用目的的苜蓿和青贮玉米等的适时刈割收获技术需求不同，据其收获时期与其养分成分的变化规律，制定适宜的收获时期至关重要。如李东双（2012）的研究表明，紫花苜蓿适宜刈割时间不应早于初花期、晚于初花期。在实际生产中，干草品质除受收获时期和收获茬次的影响外，也受到各种调制技术的影响。我国广大天然草原区基本上还沿用传统的草垄晾晒干燥技术。目前大多饲草生产区采用的收获压扁一体机械，集刈割收获与茎秆压扁于一体，缩短了饲草干燥时间，提高了饲草品质。中国机械研究院呼和浩特分院成功研制出了太阳能牧草干燥设备，可以大大缩短牧草干燥时间，但设备造价高，推广应用不能普及。

2. 饲草青贮原料资源及其青贮加工技术

目前，作为饲草青贮饲料的原料品种众多，甚至还有部分农副产品等，如常见的饲草种类包括苜蓿、红三叶、白三叶、红豆草、紫云英、沙打旺、多变小冠花、百脉根、扁蓿豆、柱花草、草木樨、胡枝子、岩黄芪等豆科植物，无芒雀麦、羊草、冰草、黑麦草、羊茅、猫尾草、鸡脚草、小黑麦、老芒麦、新麦草、甜高粱、苏丹草、谷稗、白羊草、象草、狼尾草、饲料稻等禾本科植物，大籽蒿、串叶松香草、菊苣、麻花头等菊科植物，驼绒藜、籽粒苋、马齿苋等陆生植物，水葫芦等水生植物以及草甸草原、干草原、温性草原、荒漠植物的混合青贮。还有芥菜叶等农副产品和苜蓿叶蛋白草渣、甜菜渣工业产品等。

根据牧草青贮原料的含水率，牧草通常分为三类青贮，即高水分青贮，含水率在 70% 以上；凋萎青贮，含水率在 60% ~ 70%；低水分青贮，含水率在 40% ~ 60%。现今除采用传统的青贮技术（窖贮、壕贮、仓贮等）外，还发展了更为先进的拉伸膜裹青贮和袋装青贮技术。拉伸膜裹青贮技术是通过采取萎蔫措施使牧草水分含量降至 45% ~ 65% 之后打捆，采用青贮专用塑料拉伸膜将草捆紧紧裹包起来，将它放在特制的机器上裹包草捆时，通过拉伸膜回缩，使膜紧紧地裹包在草捆上，从而达到密封效果，抑制酪酸菌的繁殖。

植物乳杆菌、布氏乳杆菌、乳酸片球菌、丙酸菌等菌株，目前已经形成单一型或复合型微生物产品用于饲草青贮，以改善饲草品质、提高饲草产品养分保存效率。如丁武蓉和杨富裕等（2013）最新研发了一种防腐复合添加剂配方：硫酸钠 35.51%，亚硫酸钾 32.78%，硫酸钾 1.64%，α－淀粉酶 0.03%，钠基膨润土 21.85%，葡萄糖 8.19%。其添加后能够维持或提高高水分苜蓿干草贮藏后的干物质、粗蛋白、可溶性糖和灰分的含量，同时能够降低干草中中性洗涤纤维和非蛋白氮的含量。陶莲等（2009）研究了添加 LaLSIL Dry、H/M FINOCULANT 和 FAST-SILE 3 种乳酸菌添加剂对全株玉米青贮和苜蓿青贮品质的影响，结果表明添加乳酸菌制剂可以提高全株玉米青贮乳酸含量并降低乙酸含量；乳酸菌添加剂可明显降低苜蓿青贮的 pH 值、丁酸和氨态氮含量。冀旋等（2012）研究表明，在高丹草青贮中分别添加乙酸、丙酸、丙酸 + 尿素混合试剂和乳酸菌菌剂后，其 pH 值显著低于对照组，4 种添加剂处理均能显著提高粗蛋白含量并降低氨态氮占全氮比例，使得高丹草青贮的发酵品质和营养价值得到改善。当然，玉米、苜蓿等青贮原料的切短长度对青贮饲料发酵品质与营养成分存在较大影响，有的科学家通过研究确立了青贮原料的理论切短长度。

3. 饲草产品质量与分级标准

美国以粗蛋白质（CP）、中性洗涤纤维（NDF）、酸性洗涤纤维（ADF）、可消化干物质（DDM）、干物质采食量（DMI）和相对饲喂价值（RFV）作为评定指标，制定了美国干草质量评价标准；还以青贮原料的种类、生育期、感官评定以及蛋白和纤维含量制定了青贮原料五级评价标准。我国在农业部全国畜牧业标准化技术委员会的指导下，颁布了有关行业标准《NY/T728–2003 禾本科牧草干草质量分级》、《NYT 1574–2007 豆科牧草干草质量分级》、《NYT 1575–2007 草颗粒质量检验与分级》、《NY/T 140–2002 苜蓿干草粉质量分级》和《NY/T 1904–2010 饲草产品质量安全生产技术规范》以及地方标准《DB51 T 684–2007 紫花苜蓿草颗粒加工技术规程》，并依据这些标准和技术规程，来指导和规范我国草产品的质量评价和安全生产。

4. 饲草加工机械与设备

目前，大多数饲草生产企业使用的较为普遍的是国外进口的各种饲草收获与加工机械，包括自走式联合收获机、牵引式割草机、切草机、揉草机、打捆机等，但也有国产的收获机械。如内蒙古大学于 2012 年研制的 9GBQ—3.0 切割压扁机，可一次完成切割、压扁、集拢铺条 3 种作业工序。在生产中，还因各地自然条件和生产情况不同，饲草青贮设施也有不同的选择类型，如常见的大型青贮设施有青贮壕、青贮窖、青贮仓、青贮堆、青贮塔、大型青贮袋等，小型青贮设施包括青贮桶、青贮缸、青贮袋、拉伸膜裹包青贮等。随着青贮饲料的商品化生产，草捆青贮、TMR 配合青贮、袋式青贮等配套装备也在积极研发和应用之中。

5. 饲草加工产品的利用

苜蓿干草或草颗粒在国内大型奶牛场已经得以推广利用。以玉米秸秆为原料的青贮饲料在华北、东北、中原、西北地区等奶业传统优势区都占有主要地位，再配合以全株玉米青贮饲料和其他豆科、禾本科、菊科或混合青贮饲料，被较为集中地应用于奶牛、肉牛、羊等家畜生产中，而其对家畜健康、畜产品品质、养殖场可持续发展等方面的益处也得以在实践中体现。

（四）草地植物保护学

草地保护学属于草业学科门类之中的二级学科，是研究牧草病害、虫害、鼠害和毒草等有害生物的生物学特性和发生危害规律及其与环境因子的互作机制，草地有害生物自然天敌及其利用以及监测预警和综合治理技术体系理论与方法的科学。

根据统计，我国目前已有 31 个科研院所招收草学专业的本科生、硕士生或博士生，设有草地保护学研究方向。草地保护学已形成了本科生、硕士研究生、博士研究生和博士后流动站齐全的教育格局。草原病虫鼠害及毒草在危害特点、防治方法等研究方面均有了一定的进展。

1. 草地病害

草地病害是草地植物保护的重要内容和主要分支。2008 年，我国收录了草类植物病害 340 余种，记录有详细的各种病害的危害、分布、寄主范围、症状、发生规律及主要防治措施。在抗病育种方面，我国现推广的抗病品种有“热研 2 号柱花草”、秘鲁的“Pucallpa”等。2013 年《62 个苜蓿品种抗根腐病评价及抗病评价标准品种的筛选》中初步筛选 VERNEMA、公农 2 号和北林 203 为抗病品种、中抗品种和感病品种的标准对照品种。我国研究发现，根瘤菌包衣剂能有效控制苜蓿苗期病害，并且在丛枝菌根菌、内生真菌和禾本科植物根际联合固氮菌等方面有了一定的进展和成果。

2. 草地鼠虫害

2011 年，中央明确提出要“加大草原鼠虫害防治力度”，财政部也将草原鼠虫害防治补助经费由 6.2 亿元增加到 13.5 亿元人民币。科技部等部门先后对草原重要害虫防治研究立项支持。通过这些项目的实施，我国建成了一支由国家、省级科研单位和大学组成的专业科研队伍和研究平台。

目前,《草原生物灾害监测与治理信息统计分析系统》已在600多个县(市、旗、团场)的草原业务部门推广使用,实现了虫情信息的网络实时上报。全国已发展村级草原植保员5100余名,成为专业技术队伍的有力补充。截至2010年底,机械和飞机成为防治的主导力量,全国草原虫害日防控能力达到10万公顷。应用地理信息系统、全球定位系统等信息技术和计算机网络技术,提高了对草原害虫种群监测和预警的能力和水平。

鼠虫害的防治方法打破了过去主要依赖化学防治的局面,更多地开展生物防治。例如在天然草原上,通过使用绿僵菌、蝗虫微孢子虫等生物制剂防治草原蝗虫,在新疆地区草原上,利用和保护当地的优势天敌粉红椋鸟来控制蝗虫种群。使用C型肉毒杀鼠素、抗凝血灭鼠剂以及天敌蛇、鹰等防治鼠害。对鼠害较严重的地块围栏封育,撒施细碎的牛羊粪,采取免耕的方法,用钉耙划破草皮,撒播鼠类既厌食又适合高原地区生长的优良禾本科牧草,覆盖种子,从而调高鼠类厌食的优良禾本科牧草比例、牧草高度、盖度,减少鼠洞,降低鼠类种群数量。此方法已在川西北草地大面积推广,并取得良好成效。

3. 草地毒草

目前,我国已鉴定并确认的有毒植物有132科1383种,常见的引起家畜中毒的有毒植物约300种。据2008年统计,中国天然草地毒草危害面积约3.33×10^7ha,主要分布于西部省区。对畜牧业造成严重危害的毒草主要有疯草(*Locoweeds*)、狼毒(*Stellera chamaejasme*)、醉马草(*Achnterum inebrians*)、牛心朴子(*Cynanchum komarovii*)和乌头(*Aconitum carmichaeli*)等,约占毒草危害总面积的90%以上。

21世纪初,中国科学院寒区旱区环境与工程研究所提出了新的毒草治理技术。这种技术能够高效去除毒草,同时对禾本科等牧草无害。目前,国内已构建了动物中毒专家诊断系统,总结了我国草地重要有毒植物的最新研究成果和经验,全面阐述了重要有毒植物的生物学、生态学、毒理学、防除技术与开发利用途径,为我国开展有毒植物中毒病预防与诊断治疗提供了有价值的资料数据,也为开展动物中毒咨询服务研究奠定了基础。

(五)草地资源与生态

草地资源生态学是生态学的重要分支学科,其研究对象为草地生态系统。与森林、荒漠、湿地等生态系统相比,草地生态系统更具有普遍的生态学意义。近些年,生物多样性丧失、土地荒漠化、全球气候变化等生态问题日趋严重,相应的草地生态学也得到迅速发展,研究趋势集中在对生态过程及功能的定量刻画以及对全球气候变化和人为干扰响应的判定及预测。同时,生态学家从多层次、多尺度对草地生态系统的表观动态和内部机制展开了相关研究。针对草地生态过程及功能的研究成果,将为生态学概念、理论及方法论的发展提供有益的重要支持。

本部分内容主要涉及草地资源与草地生态两个方面。草地资源侧重研究我国草地与植物资源评价、利用、经营管理以及保护等方面的理论研究和技术创新。草地生态方面侧重研究草地环境中土—草—畜相互间的内在联系和作用机制以及环境因子对草地植被演替的影响。

1. 草地资源本底情况的研究

（1）草地资源调查

1979年下半年开展的全国草地资源的统一调查，第一次基本摸清了我国草地资源的数量、质量及空间分布。2000年10月1日，全国第二次草地资源遥感速查项目启动。此次草地资源调查首次把卫星遥感技术作为调查的主要技术手段，利用遥感资料，基本查清了调查区草地资源的类型、分布、产量估测、面积和利用现状以及草地与环境演变状况，为合理利用和经营草地资源提供了科学依据，并取得了巨大的社会经济效益。

（2）3S技术与草地资源遥感监测

现代遥感技术和地理信息系统（Geographic Information System，GIS）与草地科学相联系，为全球草地资源的管理提供了全新的手段和方法。科学家们利用3S技术测定特定地区的土地利用状况和草地资源状况，解决了如产草量估测、生物量动态监测的时间差异等许多之前难以解决的问题。张志雄等还根据影像的色调和纹理特征建立了喀斯特石漠化环境下草地遥感调查解译标志，并提出了草地石漠化的防治建议。

2. 草地生态恢复与重建

（1）不同类型草原退化原因及恢复机制研究

草原退化是我国面临的严重的生态环境问题之一。草原退化是全球变化和人类活动共同作用的结果，在不同地区，气候和人类活动这两个因素引起的作用也不尽相同。我国自20世纪80年代初开展了退化草地恢复重建方面的诸多研究，并在各生态区域建立了草地生态研究站点，针对退化草地的改良治理开展全面研究。研究表明，土壤是制约草地生态系统稳定性的关键因素。同时，水资源也是干旱区、半干旱区的关键限制因素，科学合理地利用水资源也是草原生态系统恢复的一条主线。

（2）退耕还林还草、围栏禁牧的理论

针对草地退化日趋严重的状况，我国采取了退耕还林还草及围栏封育措施。此项措施作为发展经济和提高人民生活质量的重要内容于2002年第一次被列入我国的“十五”计划纲要中。退耕还林还草工程真正从生态和经济系统的复合系统角度出发，以实现生态效益与经济效益“双赢”为目标。草地围栏封育主要是通过草原围栏和封育草地、划区轮牧，实现草地减轻放牧压力和恢复草地植被的双重目的，是已经被广泛采用的草地快速恢复重建的重要手段之一。李愈哲等人研究了锡林郭勒典型温性草原区域不同利用、管理方式下植物群落动态变化，发现长期的围封能显著增加群落的生产力。

（3）退化草地恢复的关键理论与实践

退化草地恢复基于恢复生态学的方法，特别是自组织理论、演替理论和生物多样性理论等。自组织是生态本身固有的特征，这是生态系统具有稳定性的基础。在草地生态系统

受到干扰后，当干扰在一定的阈值范围内时，系统可以通过自我调整，维持生态系统原有的功能。演替是一个植物群落被另一个植物群落取代的过程，是植物群落动态的一个重要的特征。物种多样性就是某一时空范围或系统中物种单位的丰富度、差异性和分布均匀程度。这些生态理论的应用与实践，一定程度上完善了生态理论框架体系，并对当前的草地生态恢复实践提供了理论指导。

（4）以土壤为核心的退化草地恢复重建理论的确立

国内外退化草地恢复与重建多以植被恢复为主，更多重视草地植被的物种调整和管理利用，适用于大面积中轻度退化草地。针对我国北方农牧交错带草地退化严重的实际，王堃等通过多年研究形成了围栏封育草地水肥管理技术、退化草地松土补播改良技术、重度退化草地植被恢复关键技术等成果，在研究基础上，创建了以提高土壤肥力为核心的退化草地植被恢复综合理论技术体系。此项草地植被恢复技术体系已广泛应用，实践证明此技术体系具有良好广泛的适用性。

3. 草地与全球气候变化研究

（1）全球气候变化背景下草地碳储量与碳循环研究

草地生态系统的生态环境通常比较脆弱。相比于其他陆地生态系统（如森林、农田等）而言，草地生态系统对全球气候变化和人类活动（土地利用方式的改变等）的响应更为迅速。不同研究者对草地碳循环对气温升高的响应的看法不一致。气温升高既可促进土壤碳固定，也可以增加碳损失，因为土壤碳固定对温度的响应还受到其他因素的制约，如土壤含水量、酶的活性等。降水量的变化也是全球气候变化的重要特征之一。大多数研究表明，降水量的增加可增加土壤呼吸速率，改变沙质草原生态系统的碳平衡格局。刘森对大安市 1996—2008 年草地碳储量动态变化的研究也表明草地碳储量对降水因子的变化最为敏感。

（2）草地生物多样性研究

生物多样性和全球气候变化紧密相连。气温变暖、降水变化、CO_2 浓度升高和 N 素的沉积等都对生物多样性有降低或促进作用。全球变暖带来全球和区域降水格局在时空上的重新分配，进而使物种的分布格局发生变化，如温度的上升会驱使物种向高海拔、高纬度地区迁移，同时也改变一些物种的繁殖期和丰富度。面对竞争、环境与遗传压力，一些物种难以适应新的气候条件而灭绝。在生物多样性降低的条件下，一些有害生物扩散到新分布区大量繁殖扩散，形成生物入侵，入侵物种通过资源竞争、化感抑制等方式的竞争优势影响新的生境，降低当地的生物多样性。因此，全球气候变化如何影响生物多样性和生态系统功能是当前亟须解决和回答的重要科学问题。

（3）草地 C_3、C_4 植物及对全球气候变化的响应

草原地区绝大多数植物为 C_3 植物，温度升高对其生长将产生不利影响。研究表明，36 年来祁连山海北州牧草的年净生产量普遍下降；20 世纪 90 年代青藏高原牧草高度与 80 年代末期相比，生长高度普遍下降 30% ~ 50%，天然草地生态系统产鲜草量和干草量

均呈减少趋势。当CO_2浓度倍增、气温上升2℃，C_4牧草将向目前寒冷地带扩展，栽培范围扩大；C_3牧草光合作用将大大提高，其栽培范围也不局限于寒冷地带，适宜的栽培区域也将扩大。

4. 草地放牧生态学研究

（1）草畜平衡的理论与实践

长期以来，基于草地牧草生产力框架下的草地载畜量概念，在指导草地畜牧业中发挥着重要作用，然而关于适宜载畜率，国内外进行了大量的试验研究，但是适宜载畜率的具体确定仍然是非常困难的。因为草地初级生产很大程度上受制于区域气候因素、土壤和牧草本身机能等因素，并且草畜之间存在时间相悖、空间相悖和种间相悖。其次，基于草地牧草生产力框架下的载畜量，往往忽略了牲畜放牧对草地土壤侵蚀的潜在影响。林惠龙、梁天刚等制订了相应的草畜平衡优化方案，从模型理论到实践在一定程度上解释并指导了草畜平衡的管理方法。

（2）草地放牧家畜生态系统研究

放牧家畜—草地植被之间的相互作用是一个复杂而又重要的生态学问题。植物与草食性动物之间存在协同进化作用，植物群落的稳定很大程度上依赖于草食动物。草食性动物对植物采食能够引起植物生理特征和形态特征的改变；植物的形态学变化又会导致动物的采食行为发生与之相适应的对策。植物不仅仅有形态可塑性以应对草食性动物的采食，它们自身也会产生补偿效（Compensation effect）甚至产生超补偿生长（Over compen- sation growth）。董全民、高莹等人研究阐述了被昆虫采食后植物群落出现的内在机制变化，提供了草食动物与植物具有协同进化的证明。

（3）放牧与退化草地的关系

草地退化研究是草地生态学的重要内容之一，许多学者以植被演替理论为指导，对草地退化进行了大量研究，认为不合理的放牧常常带来植物群落的逆行演替，造成草地生产性能下降，制约草地畜牧业的发展。随着牧压强度的变化，草地植物群落的主要植物种的优势地位发生明显的替代变化，进而可能引起草地的退化。阿拉木斯等研究表明，随着放牧强度增加，克氏针茅群落的克氏针茅、羊草等优良牧草的多度在中度放牧区出现最高值，重要值、高度、盖度均明显降低并逐渐被冷蒿、糙隐子草等耐牧性牧草所取代，草地初级生产力下降。

（六）草地经营与管理

草地是具有一定面积，可以用于放牧或割草的植被及其生长地的总体。草地可以为家畜和野生动物提供食物和生产场所，并可为人类提供优良生活环境。草地的经营与管理具有典型的农业特性，最初发源于传统畜牧学。现代草地经营与管理学科已成为草学的基本分支学科。

狭义上的草地经营是饲料获得的组成部分，是利用和改良天然草地以及建立人工草地、草地利用制度、组织措施和技术方法及相应生产资料配置的综合。随着对草地（草原）在净化空气、调节气候、涵养水源、保持水土、改造土壤、防沙固沙、固碳供氧、承载文化等多重功能的认识，学者们为草地经营与管理学科赋予了更丰富的内涵。广义上的草地经营与管理学科是以草地生态系统的基本理论为指导，进行草地管理、利用和改造，以提高畜产品的产量与质量，实现草地的多种功能和可持续利用的科学。

草地经营与管理的科学理论与实践知识，对于正确处理天然草地全面保护、重点建设与合理利用之间的关系，指导草地畜牧业生产具有重要意义。草地经营与管理学科是研究科学利用和改良天然草场，以及建立人工草地的经营管理理论与综合生产技术的一门科学。草地经营与管理学科主要任务在于为草原畜牧业的稳定、优良、高产提供物质保证和先进科学技术。该学科随着社会进步与科技发展，内涵得到不断调整与丰富，包括合理确定草地经营的形式和管理体制，设置管理机构，配备管理人员，掌握草地生态系统信息，进行经营决策，加强草地资源的开发、利用和管理，全面分析评估生产经营的经济与生态效益等。

合理的草地资源利用方式是草业可持续发展中的重要环节，而草地资源的利用方式很大程度上取决于草地的经营模式。符合自然规律的草地经营模式可以调动牧民保护和建设草地的积极性，促进草地资源的合理开发和科学利用，为实现草地资源的可持续利用提供根本保证（周红艺等，2009）。草地经营管理学最新研究进展主要包括以下三个部分。

1. 草原放牧生态学的研究进展

近几十年来，随着草地生态学的发展和人们对放牧生态学研究兴趣的增加，许多学者把研究集中于放牧理论上，并提出了一些假说，如放牧优化假说、载畜率假说等。在放牧试验研究方面，近年来也有了大量的研究，如载畜率、放牧方式、家畜种类、草场植物种类组成及生产力、草场土壤特性、土壤动物和微生物及其他可供选择的变量及其组合等因素对家畜、植物、经济和生态环境方面的影响。我国在这方面的研究包括不同生态类型草地生产力动态变化、长期放牧对生态系统的影响等。近 20 年，我们对放牧系统生态学的探讨有了较大进展，重点表现在对放牧系统中的气候、土壤、动植物组成开展的综合性研究，主要包括：放牧对草地生态系统的影响（王化等，2013；刘贵河等，2013），放牧对草地植物数量特征的影响（邓潮洲等，2012），放牧对草地初级生产力的影响（史印涛等，2013），放牧对草地空间异质性的影响及放牧对草地土壤特性的影响（刘冬伟等，2013），放牧对家畜生产性能的影响等（阿拉木斯，2012）。

2. 草地火管理学的研究进展

草地火管理学是草地经营管理学的主要组成部分。草地火是草地生态系统中的一个独特的、重要的和正常的自然环境因子（包玉龙等，2011；佟志军等，2008）。草地生态系统在长期的发展过程中已经与火形成了一种协调平衡关系，所以有必要加强草地火干扰因子的研究，认识草地火的发生、蔓延机制、区域差异等规律，用火生态学原理去指导生产实践。当前，草地火管理的研究内容主要包括：草地火行为特征和模型初步研究；草地火灾风险形成机制研究；草地火灾损失评价指标体系及等级划分标准研究；草地火灾风险评价体系研究；草地火灾风险综合管理对策和管理系统研究。草地火管理研究的进展主要表现在：通过室内外燃烧试验和模拟主要完成草地可燃物量、可燃物床与火行为、地形因子与火行为、气象因子与火行为关系等内容的研究，初步揭示了草地火行为特征及其影响因素，通过逐步回归分析，建立可燃物量和风速与火强度的相关关系方程，使火强度的估算简单、快捷（Zhang Z X 等，2010；Zhang Z X 等，2011；何念鹏等，2012）；根据野外草地火扑救方式提出了草地火强度等级划分标准，应用该分级方法和标准可以直接在草地火灾害预测与评估、制定火灾扑救措施与人员分配以及防火安全等方面进行应用。

3. 草畜平衡管理机制的研究进展

为扭转草原地区自然资源和生态环境的进一步恶化，恢复草原可持续发展的生态系统，从 2000 年开始，国家加大了对西部草原保护建设的投入，实施了一系列的草原保护生态建设项目。建立以草定畜为核心的草地经营管理机制，控制草地过度放牧造成的草地退化、沙化等一系列的问题（张小平，1992）。同时，草畜平衡奖励机制是缓解草原地区生态环境问题的主要解决途径之一（柴晓兰与王志军，2011）。草畜平衡奖励机制使受损的草原生态系统得到了一定的恢复，草原保护建设取得了较好的生态、经济、社会效益（赵有益等，2012）。草原生态保护奖励机制的主要内容包括：实施禁牧补助，对生存环境非常恶劣、草场严重退化、不宜放牧的草原实行禁牧封育并给予补助；实施草畜平衡奖励，对禁牧区域以外的可利用草原，在核定合理载畜量的基础上对未超载放牧的牧民给予奖励；落实对牧民的生产性补贴政策，增加牧区畜牧良种补贴，在对肉牛和绵羊进行良种补贴基础上，将牦牛和山羊纳入补贴范围；实施牧草良种补贴，对人工草场按标准给予补贴；实施牧民生产资料综合补贴。

（七）草坪学

我国从 20 世纪 50 年代起开始了草坪的研究工作。中国科学院胡叔良推广的野牛草广布于长城内外。我国园林系统在园林研究所设立草坪或地被研究方向的基础上，开展了大量草坪草引种、建坪、养护管理的研究工作。

20 世纪 90 年代前，我国几乎没有设立过专门的国家级草坪研究课题，而 2000 年后国家 863 项目、科技支撑项目、国家自然基金、奥运专项、植物转基因专项和国家重大科技攻关项目都相继设立草坪科研项目。科技论文数量和质量稳步提升。

据统计，我国的草坪学研究在 1997—2006 年在《草业科学》、《草原与草坪》、《四川草原》、《中国草地》、《草业学报》、《草地学报》期刊上共发表草坪研究论文 3700 篇，文献量呈线性增长趋势。自 2011 年以来，草坪学的研究越来越受关注，据万方数据库统计，2012 年每百万期刊论文中就能命中 1.51 篇草坪学的文献，创历年新高。截至 2013 年，我国草坪工作者共获得国家级奖励 2 项、省部级奖励 10 余项、国家发明专利 400 余项，颁布草坪国家及行业标准 10 余项。

通过 10 多年来国家对草坪草抗旱、耐盐碱及分子生物学育种，草坪高效低成本养护，草坪建植与管理和绿地草坪节水等方面的立项研究，草坪学已经取得了初步的研究成果，这对促进我国草坪业科学研究的发展和提高我国草坪业的科研水平具有重要意义。

在草坪草抗旱、耐盐碱及分子生物学育种方面，草坪工作者以野生种质资源及优良品种为材料，在了解其抗逆及坪用性状基础上，采用体细胞突变技术、转基因技术和辐射育种技术，培育出了抗旱、耐盐碱及抗寒的狗牙根和日本结缕草新品种 4 个，为扭转我国草坪业种子主要依赖进口的被动局面、培育具有自主知识产权的优质国产草坪草奠定了坚实的基础。

在草坪高效低成本养护方面，草坪工作者以节水为中心，研究了非充分灌溉条件下草坪耗水量及耗水规律试验、草坪地下滴灌技术、草坪增温保湿和延绿覆盖技术、化学修剪技术以及草坪雨水资源利用等具有理论和试验支持、创新性强的实用技术。通过这些技术的集成和综合运用，提出了冷季型草坪以节水为中心的低耗养护技术模式和暖季型草坪冬春季转换技术模式。典型区试验观测结果表明，采用低耗草坪养护技术可使草坪养护成本比现状降低 20%，水分利用率提高 30%，具有广阔的应用前景和良好的经济、社会、生态效益。

在草坪建植与管理和绿地草坪节水方面，草坪工作者系统研究了草地早熟禾、高羊茅、日本结缕草和狗牙根等常用 8 种草坪草种的耗水量及耗水规律；提出了依据耗水量和草坪质量要求确定灌溉量的草坪质量水分生产函数理论；研发了草坪草种选配、再生水利用、智能化灌溉技术相结合的草坪节水综合技术，为我国草坪节水灌溉提供了示范样板和强有力的技术支撑。

三、草业科学学科国内外研究进展比较

（一）草遗传育种学

1. 在草遗传基础理论和新技术方面的比较

美国、英国、法国、日本等对禾本科冰草属、披碱草属、羊茅属、黑麦草属、大麦属等以及豆科苜蓿属等草种（品种）间的远缘杂交进行了大量研究，特别是在利用 RFLP、SSR 等多种分子标记进行的遗传作图、DNA 指纹品种识别、分子标记辅助选择、图谱克隆等方面取得了较好的成果。如美国，利用 DAF（DNA 扩增指纹）方法，应用 8 个碱基的 11 对不同引物对狗牙根种质材料进行分子鉴定，发现 93 个狗牙根样本中的 63% 与 Tifway、Tifgreen 和 Tifdwarf 存在密切亲缘关系。他们还利用基因芯片技术在剪股颖和海雀

稗等草种的分子标记方面做了大量的研究工作。截至目前，还构建了紫花苜蓿、白三叶、高羊茅等多倍体牧草的分子连锁图谱，并在植物基因组学研究中将二倍体自花授粉的截形苜蓿发展成为豆科模式植物。国际上截形苜蓿基因组研究计划历时近 10 年，2011 年 11 月 16 日由美国、法国、英国、荷兰、德国、比利时、韩国和沙特阿拉伯等国的 31 个实验室、100 多名作者署名，在国际权威学术刊物 *Nature* 网络版发表了有关研究论文。论文揭示截形苜蓿基因组中 94% 的基因已被定位测序，这对豆科牧草（尤其是紫花苜蓿）的分子遗传育种研究具有划时代的意义。美国孟山都公司与牧草遗传国际公司合作研发的转 cp4 epsps 基因抗草甘膦除草剂紫花苜蓿 Roundup Ready™ 新品种，在经过严格的安全性评价和一系列法律程序后已于 2010 年批准释放，这标志着转基因苜蓿将和转基因棉花、大豆、玉米等农作物一样，会在全球迅速推广。

与发达国家相比，我国在草类植物遗传育种新技术应用方面取得了较大进展。如利用 SRAP 和 EST-SSR 分子标记研究了扁穗牛鞭草的遗传多样性、群体遗传关系及对重要农艺性状的 QTL 进行定位。针对暖季型草坪草结缕草属植物抗寒性差的特性，通过关联分析法对与结缕属植物抗寒性和青绿期相关联的分子标记（SSR 和 SRAP）进行了研究，并构建高密度 SSR 遗传连锁图谱，为进一步解析结缕草属植物抗寒性或抗旱的遗传变异规律和机制奠定了基础。利用 RAPD、ISSR、SRAP、SSR 分子标记系统研究了来自世界四大洲 7 个国家共 45 份鸭茅种质资源的遗传多样性，发现鸭茅种质间具有丰富的遗传变异。还能快速准确鉴定各个品种。采用 SSR、AFLP、EST-CAPS 和 RGA-CAPS 分子标记构建了高密度多花黑麦草遗传连锁图。通过 SSR 分子标记对野生扁蓿豆、紫花苜蓿和黄花苜蓿种质资源的遗传多样性进行了分析，并构建了遗传连锁图谱。筛选出了与高羊茅耐热性和越夏性相关的 ISSR 分子标记，探明了高羊茅耐热性的遗传基础，为耐热高羊茅新品种选育提供了依据。利用 ISSR 和 AFLP 分子标记技术分别研究了根茎型羊草和偃麦草的遗传多样性。通过体细胞杂交的方法，将禾本科小麦族近缘种偃麦草属植物（中间偃麦草、长穗偃麦草）导入小麦，并利用 SSR 分子标记对来自偃麦草属植物基抗病、耐盐等基因进行遗传定位和分析，明确了其抗逆机制，获得一批抗病、耐盐的偃麦草属—小麦附加系。此外，多基因聚合将分散在不同个体、品种或品系中的理想基因聚合到同一个基因组中，从而对控制产量、品质和抗逆性等多个目标性状的基因进行聚合和选择，培育综合性状优良的新品种。如，将荒漠植物旱生霸王中抗旱耐盐 NHX 和 VP 功能基因聚合导入百脉根中，获得了抗旱耐盐碱和耐贫瘠能力显著增强的转基因百脉根新品系。完成了草本植物谷子（*Setaria italica*）基因组测序，为开展多基因聚合育种提供支持。

2. 在草种质资源保存与创新利用方面的比较

美国为克服本土牧草种质资源不足的弱势，加强对国外种质资源的搜集，累计搜集引进牧草种质材料 2.5 万份；俄罗斯瓦维洛夫植物栽培研究所搜集牧草种质材料 2.8 万份；新西兰国家种质资源库搜集牧草种质材料 2.5 万份；澳大利亚联邦科工组织搜集牧草种质材料 3.2 万份。我国的草种质资源保存工作，在全国畜牧兽医总站的领导与支持下，形成了1个草种质资源保存中心库和2个备份库。截至2011年，中心库保存草种质材料23502份，温带和热带草种质备份库分别保存草种质材料11000份和3000份，并建立了全国草种质资源研究协作网。

国外先进国家对搜集到的牧草种质材料均进行了有效的开发和创新性研究，培育出大量优质高产的牧草新品种。如美国近几年，平均每年审定登记的苜蓿品种就多达40个，现已审定登记的苜蓿品种有1200多个，为实现牧草良种的更新换代提供了强有力的支持，在生产上其良种的覆盖率达到100%。而我国现有审定登记的苜蓿品种仅为70多个（包括引进的国外苜蓿品种），生产上良种覆盖率不足20%。而截至2011年，我国全国审定登记的草品种仅444个，其中还包含139个国外引进品种，早期审定的有些品种因未经统一区试，难免质量参差不齐，因而限制了它们在生产上的推广种植。

（二）饲草栽培学

与欧美等发达国家相比，我国饲草栽培学科的最突出问题是基础性研究工作严重不足，以至于当前诸多生产技术环节尚处于经验决策阶段；其次是我国饲草栽培学科的研究十分分散、不够系统，且多数浅尝辄止，从而极少提升为理论。例如，我国许多地区主栽草种的品种筛选尚无定论，障碍土壤的改良和耕作措施尚存悬疑，豆科牧草根瘤菌剂应用尚未普及，播种期、播种方式、行株距和覆土深度等播种技术尚未定型，苗期杂草控制技术尚不成熟，施肥种类、数量、时期和频率等多无试验依据，灌溉定额、灌水定额、灌水周期、灌水次数和灌水时期尚凭经验决策。欧美等发达国家基础性研究工作做得非常扎实。以施肥为例，欧洲各国和美国各州都在大量田间施肥试验的基础上建立了各自的土壤养分丰缺指标推荐施肥系统，普遍采用以土壤养分丰缺指标为核心的测土定肥法。近年来正在大幅度提高田间土壤取样测试密度，利用全球定位系统、信息技术和智能机械向精准施肥迈进。测土方法正在由常规方法向效率更高的Mehlich3法转变。再以灌溉为例，欧美等发达国家普遍在大量饲草需水规律研究和田间灌溉试验的基础上，结合土壤持水能力、牧草根系分布特征和自然降水规律，建立了各种饲草在各自然区域的适宜灌溉模式。

（三）饲草加工学

1. 饲草产品资源开发、微生物资源创制方面

我国饲草原料资源与微生物资源丰富，依托相关科研院所，我国在饲草产品资源开发、微生物资源收集与创制方面已走在国际前列。

2. 饲草产品养分高效保存与转化利用方面

与美国、日本、澳大利亚、加拿大、以色列等国家相比，我国在饲草产品养分高效保存与转化利用方面仍存在差距。

3. 饲草产品专用机械与装备、饲草产品产业化经济管理方面

与美国、加拿大、德国等国家相比，我国在饲草产品专用机械与装备、饲草产品产业化经济管理等方面还存在不足。我国在引进和应用国外先进专业化机械的基础上，正在积极开展饲草产品国产专业化机械的设计与生产，如中国农业大学设计出自走式苜蓿刈割压扁机，实现“零割茬”作业；设计的滚筒式苜蓿干燥与茎叶分离设备可在完成干燥的同时实现茎叶分离加工。采用预干燥滚筒与三回程干燥滚筒的组合结构，可实现苜蓿茎、叶的均衡干燥。

4. 饲草产品加工与经济管理学科建设方面

饲草产品加工与经济管理学科同国内同类学科如食品加工与经济管理、饲料加工与经济管理、烟草加工与经济管理等相关学科相比，虽然学科建立历史悠久程度不如后者，但在短短的时间之内，已经培养了一大批科学研究与生产实践开发的队伍，获得了一定的学科基础理论知识，并正在构建与完善本学科体系，且形成了初具一定规模的产业化企业。但由于长期以来的非科学性指导思想僵化模式和研究的深入程度、配套科研人员与经费的不足，本学科的建设与发展还需下大力气加强。

（四）草地植物保护学

近年来，我国草地植物保护学已有很大发展，有的研究、技术或分支学科已达到国际先进水平和国际领先水平。但总体上与国际先进水平比较仍有差距。具体到各个学科主要表现在以下方面。

1. 草原病害

在草地病害方面，国外高度重视病害的基础研究，对栽培牧草上的病害种类、病害的发生规律及其防治管理等都进行了全面和深入的研究。而国内对草地病害的研究仅以病原鉴定和发病调查为主，对病害的发生规律和防治研究较少。此外，国外不仅坚持传统方法选育抗病牧草品种，同时将传统的育种与现代分子生物学技术相结合，培育出多种抗病的牧草新品种，目前国内大量种植的抗病牧草几乎都来源于国外。国内虽然针对提高牧草农艺性状及抗逆等方面做了很多的工作并取得了明显的成绩，但在抗病育种发面，仍急需培育具有我国自主知识产权的牧草抗病新品种。在牧草病害的生物防治方面，国外已将一些有益生物引入种子包衣剂，用于一些生产上重要病害的防治中。我国目前研究发现根瘤菌包衣剂能有效控制苜蓿苗期病害。此外，在种植资源的收集评价、牧草病害对家畜健康的影响等方面，国内相关的工作也亟待加强。

2. 草地虫害

尽管我国对草原虫害的总体治理做了很多工作，并取得了一定的发展，但与发达国家

相比仍有差距。具体体现为：我国草原害虫综合治理的基础研究较为薄弱；在信息的传递和发布手段上，相比于国外信息网络化，国内的相关研发和应用尚待进一步加强研究。另外，我国生物防治基础研究相对薄弱、后劲不足，在天敌与害虫的互作机制、农田食物网作物－害虫－天敌间的信息网与通讯机制、天敌控害作用的评价方法、天敌引种的基础理论研究及风险评估、新的害虫天敌、病原微生物的基础和应用研究以及主要害虫种类的不育技术等有待进一步加强研究。相比欧美，我国目前尚未有大规模销售多种生物防治产品的公司。而且近几年国内关于引进天敌控制本地优势害虫或入侵生物、挖掘本土天敌控制入侵生物等方面的研究报道较少。此外，在害虫分子检测技术、转抗虫基因植物、转基因昆虫的研究与应用等领域的研究工作与国外存在较大的差距。

3. 草地鼠害

总体而言，我国鼠类有关学科仍处于发展阶段。国外在20世纪80年代中后期，兴起对不育剂的研究并已形成商品化，广泛用于野鼠的控制。20世纪90年代初将免疫不育技术运用到鼠类不育控制领域，目前已形成几种鼠类的不育疫苗。我国自20世纪80年代初，开始研究利用雄性不育剂用来控制鼠害，但尚未发展出成熟的相应实用技术。此外，在鼠类种群爆发机制、气候与鼠类数量波动关系、鼠类生理生态、鼠类防治方面，国内虽然取得了一些成果，但和国际上同领域研究相比仍有较明显的差距。

4. 草地毒草

我国毒草科学研究近年来取得了可喜的成绩，但由于种种原因，我国毒草科学研究与发达国家相比依然明显滞后。我们对除草剂抗药性、除草剂药害、提高除草剂利用率、保护环境等问题的研究还不够深入。国外毒草科学家目前更加重视土壤中除草剂残留量研究，包括先进的检测和定量测定方法、土壤中除草剂移动和水源污染预测模型。同时，通过研究最优化除草剂喷施技术，来实现降低除草剂喷施量、降低除草剂漂移对临近牧草、水源和其他物种的风险的目的。

（五）草地资源与生态

美国、加拿大、新西兰、英国等国家的草地资源与生态科学非常发达，这些国家十分重视草地生态环境保护和科学利用。1916年，蒙大拿州立大学最早开设了草原管理学专业，1923年，美国第一本草原管理方面的大学教材 *Range and Pasture Management* 问世，20世纪30年代后期，美国开始在高等院校建立草原管理专业，目前已经有100多所高校设置相关专业，其中40多所院校具有硕士和博士学位授予权。德克萨斯农工大学和威斯康星大学草学发展最为先进，专业课程设置除覆盖原来的动植物课程外，还增设了经济管理、应用生态学、生态系统生态学、生态恢复、地理信息系统和环境政策等适应社会需求的课程。

美国和俄罗斯分别推行了一系列草地生态恢复举措；目前美国、英国、新西兰等一些国家已经做到对草地资源的实时监控，严格推行草畜平衡政策，草地畜牧业处于良性发展状态。近年来随着社会发展诸多问题的出现，本学科发展受到重视，3S技术、分子生物学、红外光谱技术等一些新的技术迅速应用，许多大学都设有草地资源与生态相关研究机构和专业，美国在该方面的研究设置比较完备，英国等欧洲国家的草地研究水平相当先进，为我们树立了榜样。

我国的草地资源与生态研究总体上与国外有一定差距，在某些领域接近国际先进水平。我国的草地资源研究明显滞后，自20世纪70～80年代我国开展的第一次草地资源调查，迄今一直沿用那次调查结果的数据，而发达国家3～5年便进行一次资源调查。在草地资源利用方面，我国严重超载，平均超载率在30%以上，造成90%以上的草地出现了不同程度的退化，而美国等一些国家早已推行严格的放牧管理制度和禁垦制度，草地实现可持续利用。在草地生态学研究方面，我国与国外的差距稍小一些，近年来随着国际交流的频繁，该领域差距在拉近，但是我国科研与实际脱节的方面问题较突出，特别是原创性科技成果较少，多是跟风研究，在仪器设备开发方面更为落后，这也是今后一个时期我国草地资源与生态研究应该努力的方向。

（六）草地经营与管理

与发达国家相比，我国在草地可持续放牧管理的科学研究与技术应用等方面均存在较大差距。国际上对草地放牧系统的优化、放牧草地植被退化的机制、草地放牧监测、评价等诸多方面进行了广泛深入的理论研究，相应提出并实施了一系列科学放牧、退化草地的治理和恢复技术（王明君等，2010），通过划区轮牧和优质饲草产品加工，实现了舍饲与半舍饲家畜的营养平衡和高效生产。总体而言，同国外相比，我们仍缺乏放牧行为生态学方面的系统研究，尤其是在放牧行为生态学研究方法上，还没有形成较为完善和标准的操作规范，这也在一定程度上制约了我们在行为生态学方面的发展（希吉日塔娜等，2013；红梅等，2013；安慧、李国旗，2013；乌依勒斯等，2013）。长期以来，我国牧区草原片面追求家畜存栏数的增加，加上对草地的乱垦、乱挖、滥牧，致使北方草地始终处于严重“增畜减草”的非持续利用状况（郑伟等，2012）。此外，在放牧管理中，我国仍缺乏高科技技术的应用，传统的放牧管理体系技术方法相对比较陈旧，同国际相比，很多研究成果由于缺乏高科技技术的应用。因此，在今后的研究中，应重点加强行为生态和高科技技术在放牧管理中的应用，这样才能使我们的研究与国际接轨，推动放牧管理学的发展。

近年来，我国草地火管理学学科研究与过去相比，取得了较大的发展和进步，特别是在草地火灾风险管理方面颇有特色。我国草地火行为微观层面的基础研究与发达国家相比仍是较为薄弱。欧美等发达国家历来高度重视草地火研究的新理论和新方法研究（Velasco A等，2009），注重草地火对生态环境的影响与气候变化方面的结合（Xingpeng Liu等，2010），并随着灾害学和风险管理学发展，将草地火行为、灾害学和风险管理相结合，交又促进了草地火灾风险管理研究（Yohay Carmel 等，2009）。草地火灾风险管理等相关内容的研究将会显著提高我国对重大草地火灾的风险防控能力，是目前草地火灾研究中最前沿的研究。草地火灾风险研究具有明显的地域性和时效性等特点，国外的许多技术是不能直接应用的。为此，针对中国牧区的实际情况，研究适合中国的草地风险评价与管理技术才是重点。

（七）草坪学

我国草坪学虽然起步晚，但是其发展迅速。从研究内容上看，我国的草坪研究主要集中在草坪建植、草坪环境以及草坪草遗传育种 3 个方向，而在草坪病虫害、杂草等领域相对薄弱。国外有关草坪的研究比我国的研究更深入、更全面以及更贴近草坪业的实践。以草坪草育种为例，目前中国具有自主知识产权的草坪草品种不足 5 个，且都没有市场化推广，而在国内销售的草坪草种子只适用于建植草坪，不适合进行繁育。再加上草坪草育种技术要求高、育种周期长、培育新品种的投资大、相关技术与设备落后、国内新品种保护制度不完善等各方面因素的影响，国内草坪草种的育种与制种研究严重滞后于国外。

此外，国际上历来重视草坪机械、灌溉设施、草坪药剂和草坪建植技术等草坪业支撑产品和技术的研发，并具有绝对优势。我国在草坪产品生产建植以及养护管理过程中相关的草坪机械、灌溉设施、草坪肥料、草坪药剂等研究领域相对薄弱。尽管我国草坪学在近 10 年中得到了较大的发展，改变了进口产品和技术独占市场的局面，然而在核心技术与科技含量方面依然落后于发达国家的产品，尤其是在各个生产环节配套成龙、产品的精准作业和精细度、高效率低消耗等方面与发达国家之间还存在很大的差距。

四、我国草业科学学科发展趋势与展望

（一）草遗传育种学

1. 草种质资源收集保存与共享利用

草种质资源收集保存是一项长期而艰巨的基础性工作，但也是一项极其重要的任务，无疑对我国生态环境建设、现代草业与畜牧业的稳步健康发展发挥重要作用。加之，我国又是世界上生物多样性高度丰富的国家之一，存在着丰富的草地植物表观基因组多样性，因此在广泛收集整理和保存的基础上，应优先抢救濒危、珍稀、特有的草种质资源，优先保存覆盖面广而且具有现实和潜在开发价值的草种质资源，优先保护最具有遗传多样性、代表性的核心种质资源。继续发挥全国 10 个生态区域牧草种质资源保护技术协作组的功能作用以及“国家草种质资源保护管理系统”和“国家牧草种质资源共享平台”的功能作用，使我国草种质资源收集、整理、保存和共享利用逐步实现标准化、信息化和现代化。

2. 草种质资源评价鉴定与创新利用

针对生产实际应用价值重大、优异性状突出的重要草种（包括紫花苜蓿、白三叶、柱花草、沙打旺、羊草、冰草、披碱草、草地早熟禾、高羊茅、黑麦草、高粱－苏丹草等），开展植物形态学、细胞遗传学和分子生物学等主要遗传特性与规律的评价以及涉及品质、抗逆性和抗病虫性等重要农艺性状的鉴定技术体系研究，为新草品种选育提供重要科学理论基础和依据。突出加强重要草种（包括紫花苜蓿、白三叶、柱花草、沙打旺、羊草、冰草、披碱草、草地早熟禾、高羊茅、黑麦草、高粱－苏丹草等）丰产、优质、抗病虫、抗逆等新品种的选育。

3. 草种质资源重要抗逆、品质等相关基因克隆与功能鉴定

研究草种质资源非生物胁迫抗逆分子机理或与品质性状形成相关的调控机制，一方面，有利于培育抗旱、耐盐、耐寒或耐重金属等的植物品种，扩大种植范围和提高产量；另一方面，有利于草的品质改良。利用组学（基因组学、转录组学和蛋白质组学等）技术，研究重要草种质资源，如冰草抗旱、黄花苜蓿抗寒、长穗偃麦草耐盐、柱花草耐铝毒及马蔺耐镉毒等的分子机理，克隆并鉴定出一批重要抗逆调控基因，探明其作用机制。利用豆科模式植物蒺藜苜蓿基因组，研究与优良牧草紫花苜蓿品质性状形成相关的纤维素、单宁、不饱和脂肪酸类物质合成途径中关键酶的特征，进而分析品质性状调控基因的表达和功能，解析品质性状形成的分子调控机制。

4. 草遗传育种新技术的广泛应用

目前，常规育种方法仍是世界各国选育新草新品种的基本途径，但 21 世纪是生物科学取得突破性成就的时代，应加强利用现代生物技术（如分子标记辅助育种、转基因技术育种等）与航天育种技术、倍性育种技术，开展草遗传育种的研究，加速草新品种选育的进程。

5. 草遗传育种研发团队的建设

我国已有 40 多家科研院所和大学，从事草遗传育种，相关的研究人员多达 200 余人。中国草学会下设 3 个专业委员会，即全国牧草遗传资源专业委员会、牧草育种专业委员会及草坪草专业委员会。学会每两年举办一次全国性学术研究会，以加强学术交流。还有全国草品种审定委员会的极力推进，使全国草遗传育种的研发团队已基本形成。但要注重加强草遗传育种后继青年领军人才和技术骨干的培养，确保后继有人。并要加强国际学术交流与合作，与本领域的国际前沿接轨。

（二）饲草栽培学

我国饲草栽培学科首先需要“补课”，大力开展基础性研究工作，以解决当前诸多生

产技术环节尚凭经验决策的问题。基础性研究工作包括重要栽培区域主栽草种的品种筛选、重点障碍土壤的改良和耕作措施、豆科牧草根瘤菌剂研发、播种技术、苗期杂草控制技术、以土壤养分丰缺指标为核心的测土施肥系统和施肥模式、以饲草需水规律和自然供水规律为基础的灌溉模式等。上述基础性研究工作“缺课”不补，我国饲草栽培学科便无法跨上新台阶。其次我国饲草栽培学科的科学家们应该团结协作，让研究更系统；持之以恒，让研究更深入；凝神静气，让结果化为理论。经验性成果只有上升为理论才能在更大范围内发挥指导作用。再次，为了尽快缩短我国饲草栽培学科与欧美等发达国家的差距，我们还要抽出一部分精力跟踪国际发展前沿，如以全球定位系统、信息技术和智能机械为助力的精准施肥技术和自动灌溉技术等。欲实现上述设想，需要一个前提条件，即全体饲草栽培学科的科学家们一致努力，争取国家和地方政府上一些饲草栽培学科的大项目。否则，迎接我们的还将是悠缓的牧歌岁月！

（三）饲草加工学

1. 抑制饲草产品养分劣变的调控技术

研究与探索不同原料、不同调制措施饲草产品加工贮藏时养分的动态变化过程，高效阻留可供动物利用的养分，包括碳水化合物、真蛋白、维生素、脂肪酸、矿物元素等，抑制饲草产品的养分劣变。如中国农业大学通过检测酶制剂、酸制剂、菌剂处理青贮饲料和干草的蛋白质、单糖（双糖、多糖）的动态变化，评价各种添加剂对青贮饲料和干草养分劣变的阻遏效应，正在形成完善的青贮饲料和干草等养分劣变阻遏技术。应加强饲草产品含氮化合物、碳水化合物、维生素、脂肪（脂肪酸）等的变化与调控技术的研究。应加强饲草有毒有害物质的钝化或清除技术研究。

2. 科学制定符合中国特色的饲草产品质量评价标准

结合我国饲草生产实际与产业化发展的需求，逐步建立健全符合我国国情的饲草产品感官评价方法、实验室检测检验指标与体系。在实验室检测检验指标中，除了常规的化学分析外，还应结合畜禽饲养实践，并拓展至水分、粗蛋白（真蛋白）、中性洗涤纤维、酸性洗涤纤维、木质素、粗灰分、粗脂肪（脂肪酸）等化学成分的分析，以进一步开展家畜体外消化实验或原位消化实验的养分可利用程度的评价，且要建立和完善饲草产品有毒有害成分的检测技术方法。

3. 高效饲草产品添加剂的筛选与创制

添加剂的种类繁多，包括促进青贮发酵进程有益微生物增殖的细菌、真菌等生物性制剂、化学性添加剂等，抑制青贮发酵进程有害微生物的生物性制剂、化学性添加剂等，改善与提高饲草产品营养价值的生物性制剂、化学性添加剂等。在筛选与鉴定生物性制剂的基础上，通过功能基因的研究，创制具有复合功能的生物性制剂。加强广谱性、复合型饲草生物性添加剂的筛选与创制。

4. 加强我国南方地区青贮饲料生产与利用技术

随着奶业向南方的推进，在安徽、浙江、福建、广东、上海等地区逐步发展大型奶牛养殖，应青贮饲料本地化对南方饲草青贮的要求，推动南方高水分、低水溶性碳水化合物、高缓冲能值原料的青贮加工与利用技术的研发。

5. 推进饲草产品的高效利用技术

将饲草原料以饲草产品的方式加以保存，是目前为动物提供均衡稳定的饲草基础。随着生物质能源的逐步深入研究，以青贮方式暂时保存饲草原料，为生物质能源的转化提供加工原料。在动物生产中，与其他日粮组分搭配组合，形成可供家畜高效利用、减少污染与浪费、维持畜体健康的合理日粮，大力推进饲草产品的高效利用和转化技术的研发。

（四）草地植物保护学

总体上，现代生物技术和信息技术的发展给草地植物保护学的研究带来了质的飞跃，使草地植物保护学的发展非常迅速，其主要发展趋势集中在以下几个方面。

1. 建立牧草病虫害监测预报网络

在全国牧草产区，利用先进的遥感遥测系统（RS）、全球定位系统（GPS）、地理信息系统（GIS）、人工智能决策支持系统（AIS）和计算机网络信息管理系统（IMS）建立适用于全国不同草地类型的病虫害实时监测及预警网络系统，为有效预测草地害虫发生提供帮助。可利用分子标记等生物技术对昆虫的地理种群和昆虫生物型变异进行监测、鉴定。

2. 制定适当的经济阈值（亦即防治指标）

防治指标的制定不仅要根据植物的忍受和补偿能力，还要考虑到牧场的利用率和重要性。传统的防治指标仅以昆虫密度为依据，不少地方甚至连这个指标也不十分明确，这是亟须改变的状况。

3. 加大政策扶持与资金投入，专题立项研究、协作攻关

草原在促进经济社会可持续发展和维护生态、粮食安全方面的战略地位越来越重要，牧草保护建设的政策支持体系日臻完善。牧草虫害监测、防治示范以及综合治理体系研究均需要有关部门高度重视，加大政策扶持与资金投入，专题立项研究、协作攻关。

4. 建立完善、可持续发展的草地病虫害防控体系

首先在牧草主要产区设立草地病虫害检测站，及时检测病虫害的发生动态，一旦病

虫害发生达到了防治阈值，积极向草业主管部门发布预警信息。其次，增加草地保护技术员，提高培训质量，使其及时掌握病虫害发生动态，指导农牧民科学防治草地病虫害。再次，草地病虫害科研部门密切结合生产实际，了解并集中研究限制牧草生产的重要病虫害，编写各类牧草病虫害识别和预防通讯简报，及时提供给牧草生产者。最后，建立国家级草地病虫害管理信息平台，构建草业管理部门、科研机构、草地生产单位和牧草产品经营单位互动交流的畅通渠道。

5. 密切监视国外草地病害的发生动态，预防危险性病害的传入

第一，通过查阅文献和到国外实际考察，掌握国外发生的牧草病害，向国家病害检疫部门提供准确信息，供海关堵截危险性病害时参考。第二，对于国外引进牧草品种的试验与繁育基地进行密切检测，及时发现可疑病害，防治危险性病害的蔓延。

6. 培育出一批具有我国自主知识产权的牧草抗病新品种，满足生产需要

利用传统育种、转基因育种、航天育种等手段，培育出一批抗病性优良的、具有我国自主知识产权的牧草新品种，从种子源头提高牧草产量和品种。

7. 利用生物制剂防治病虫害，在保护和利用天敌的同时合理使用化学农药

在不得不使用农药时，选择高效、低毒、低残留的制剂。草原害虫大多生育期较短，要做到适时用药，缩短用药期，减少用药量。尽量使用生物制剂，例如绿僵菌、蝗虫微孢子虫等防治草原蝗虫。

（五）草地资源与生态

根据国内外对草地资源及草地生态研究的发展趋势，我国应加强以下几方面的研究工作。

1. 草地植被恢复与重建研究

受损生态系统的恢复研究从 20 世纪 70 年代发展至今，仍有诸多争论，有待进一步的完善。就草地恢复生态而言，恢复的时间和进程、恢复的生态阈限和经济阈值、3R 生态工程（包括恢复——Restoration、重建——Reconstruction 和改建——Rehabilitation）的耦合途径等有待深入研究。草地生态系统是一个有机的整体，退化草地的恢复应遵循生态系统的非加和原理，将 3R 工程的方方面面结合起来；草地生态系统也是一个等级系统，退化草地恢复治理应随空间和时间尺度的不同，采取相应的策略。总之，退化草地的生态恢复是一个多方位、多层次、多途径的综合研究，不可分而治之。

2. 草地 – 家畜界面研究

我国是畜牧业生产大国，有辽阔的各种类型的天然草场，但在放牧生态学研究方面

与畜牧业发达的英国和新西兰相比，还有较大差距。虽然近年来已有学者进行了有益的探索，并取得了一些研究成果，但距离我国畜牧业可持续发展的实际需求还相差甚远。当前我国放牧生态研究主要集中在放牧对植被的影响方面，对于草畜间的正负反馈调节机制、各类家畜在不同草地类型中的放牧行为生态、放牧生态理论指导下的草地管理模式等基础与应用基础研究尚不足，有待进一步深入。

3. 全球气候变化下的草地生态系统碳氮循环研究

草地土壤碳循环对全球变化的响应机制复杂，受到各种生物因子和非生物因子的综合影响。因此，今后应该加强以下 5 个方面的研究。

1）草地土壤碳循环对气温升高、降水增多、放牧、草地农垦等的响应会随着时间的推移而发生变化，因此，应该加强长期连续的试验观测；

2）草地长期农垦对碳循环的影响的报道已经很多，但关于农垦短期内对碳循环影响的研究比较少，因此，应该加强农垦短期内对碳收支影响的研究；

3）加强土壤碳循环各组分对全球变化的响应机制研究；

4）加强土壤呼吸各影响因子对土壤呼吸的综合效应研究；

5）加强土壤呼吸 Q10 值与各影响因子的关系研究。

4. 草地资源的合理配置与生态优化

我国的草地面积辽阔，但在多种气候和人为因素的影响下，草地资源普遍趋于衰退状态。因此，及时准确掌握草地资源的数量、质量、分布及其变化趋势，直接关系到草地畜牧业乃至整个国民经济的持续发展与规划，也关系到少数民族地区的安定与繁荣。1979 年下半年，我国开展了全国草地资源的调查，但经过了 30 多年，草地资源的空间结构和分布格局又发生了不同程度的变化。因此，亟待开展全国第二次草地资源调查，并在此基础上实现草地资源的优化利用。传统草地调查手段与现代 3S 技术的结合，为大面积实时动态监测草地资源状况提供了可能。

（六）草地经营与管理

本学科在未来的发展还面临很多问题与挑战：草原生产力仍然低下、生产波动性大，生态环境恶劣；草原灾害频繁，防灾、减灾、抗灾能力有限，草原防灾减灾面临的问题仍然严重；草原生态环境保护和经济协调发展面临巨大挑战；政策法规保障体系仍显不足，草原退化没有得到有效遏制，牧民并没有考虑其短期经济行为带来的后果，也缺乏积极性投资实施退化草地恢复，草原法律法规建设和实施将成为今后草原管理的主要问题。

草原生态建设的中期战略目标是防止草原灾害的大规模发生，巩固现有可利用草原资源，扩大草原恢复治理的力度，加快人工草地建设步伐，提高草原产草量，高度重视草原资源的合理利用，缓解草畜矛盾，解决农牧矛盾，促进农业和畜牧业协调稳定的可持续发展。在牧区按照统筹规划，建立和完善草原基本保护制度，对人工草地、改良草原、重要的放牧场、割草场和自然保护区等具有特殊生态功能作用的草原类型实行严格的保护。在草场利用的同时，要切实可行地制定如草原禁牧、轮封轮牧、季节性休牧、舍饲圈养等行之有效的利用和管理方法，巩固禁牧封育成果，实行草畜平衡制度，形成草原可持续利用的长效机制。正确处理草原全面保护、重点建设与合理利用之间的关系，草原灾害防治与生态环境的治理应以预防为主。遵照自然规律，基于实际条件依据饲草的可利用数量，适时调整畜群数量和结构，合理规划和利用天然草地，实现草原畜牧业生产方式的转变。全面构建草地生态系统服务功能及评价体系。建设草原灾害的预警系统。以保护和自然恢复为主、人工辅助为辅的退化草地治理模式，坚持"生态、经济、社会效益并重，生态优先"的原则，实现草地生态健康持续发展。

加强理论创新与科学实践，紧密围绕国家重大需求和本学科重大科学问题建立草地经营与管理科技创新体系；积极争取各类科研项目，以点带面，实施好重大重点项目；建设好各类科研平台，落实经费，优势互补，构建全国科研协作网络；抓紧培养科研拔尖人才，充实科研队伍，形成合理人才梯队，提高科研水平；鼓励资金充足、技术力量强的企业与教学科研单位联合申报科研项目，围绕生产中的关键技术进行研发或进行已有成果、技术的中试和示范推广，提高企业的技术水平。

（七）草坪学

我国草坪科学研究已取得很大进展，但草坪科学研究，无论在内容、方法、人才等诸多方面都需进一步加强。从内容上看，我国幅员广大，自然条件复杂，因地制宜发展不同草坪很值得重视，草坪地理分区的研究十分重要。此外，稳定优质草坪的结构特征与功能过程、主要草坪植物栽培技术体系与模式化、草坪生态系统退化与营养物质循环、草坪植物繁殖特性与生产、草坪建植与可持续利用、胁迫与草坪生长发育条件、草坪育种、新技术应用、草坪病害等都有许多值得深入研究的同题。从研究方式上看，要开展全社会和企事业单位共同研究，形成多元研究格局。科研机构和企业相结合，利用企业资金搞科研，从而服务于企业，增加资金来源，加快科技成果转化，提高转化率。企业实行强强联合，优势互补，降低成本，增强市场竞争力。

参考文献

[1] 洪绂曾. 中国草业史［M］. 北京：中国农业出版社，2011.

[2] 全国草品种审定委员会. 中国审定登记草品种集［M］. 北京：中国农业出版社，2008.

[3] 马金星，张吉宇，单丽燕，等. 中国草品种审定登记工作进展［J］. 草业学报，2011（20）：206-213.

[4] Nevin D. Young*，Frederic Debelle*，Giles E. D. Oldroyd，et al. The Medicago genome provides insight into the evolution of rhizobial symbioses［J］. Nature，2011（480）：520-524.

[5] 陈永霞，张新全，马啸，等. SSR 标记与扁穗牛鞭草农艺性状关联分析 [J]. 湖北农业科学，2011（7）：1494–1498.

[6] 陈永霞，张新全，谢文刚，等. 利用 EST-SSR 标记分析西南扁穗牛鞭草种质的遗传多样性 [J]. 草业学报，2011（6）：245–253.

[7] 郭海林，郑轶琉，陈宣，等. 结缕草属植物种间关系和遗传多样性的 SRAP 标记分析 [J]. 草业学报，2009（18）：201–210.

[8] 李鸿雁，李志勇，米福贵，等. 扁蓿豆遗传多样性的 SSR 分析 [J]. 中国草地学报，2008（30）：34–38.

[9] 刘曙娜，于林清，周延林，等. 利用 RAPD 技术构建四倍体苜蓿遗传连锁图谱 [J]. 草业学报，2012（21）：170–175.

[10] 张宇，于林清，慈忠玲. 利用 SRAP 标记研究紫花苜蓿和黄花苜蓿种质资源遗传多样性 [J]. 中国草地学报，2012（34）：170–175.

[11] 陈群. 高羊茅耐热性相关分子标记的筛选及遗传基础的分析 [D]. 上海：上海交通大学，2012.

[12] Lin Meng，Xioayan Zhang，Peichun Mao and Xiaoxia Tian. Analysis of genetic diversity in *Elytrigia repens* germplasm using ISSR Markers. Botany，2012，90（3）：167–174.

[13] 李东双. 不同刈割时期对吉林省西部紫花苜蓿种子和牧草生产的影响 [D]. 长春：东北师范大学，2012.

[14] 武瑞鑫，孙洪仁，孙雅源，等. 北京平原区紫花苜蓿最佳秋季刈割时期研究 [J]. 草业科学，2009，26（9）：113–118.

[15] 玉柱，孙启忠. 饲草青贮技术 [M]. 北京：中国农业大学出版社，2011.

[16] 玉柱，贾玉山. 牧草饲料加工与贮藏 [M]. 北京：中国农业大学出版社，2010.

[17] 丁武蓉，杨富裕，郭旭生. 高水分苜蓿干草捆防霉复合添加剂配方筛选 [J]. 农业工程学报，2013（4）：285–292.

[18] 陶莲，孙启忠，玉柱，等. 乳酸菌添加剂对全株玉米和苜蓿青贮品质的影响 [J]. 中国奶牛，2009（2）：13–16.

[19] 冀旋，玉柱，白春生，等. 添加剂对高丹草青贮效果的影响 [J]. 草地学报，2012（3）：571–575.

[20] 刘喜林. 9GBQ-3.0 切割压扁机的设计 [D]. 呼和浩特：内蒙古农业大学，2012.

[21] 许庆方. 优质饲草青贮饲料的研究 [M]. 北京：中国农业大学出版社，2010.

[22] 韩清莹. 山西省草地资源遥感调查及研究 [J]. 科技情报开发与经济，2009，19（10）：125–127.

[23] 赛里克·都曼，托乎塔生，郑逢令，等. 高分遥感在新疆草地资源与生态研究中的应用前景 [J]. 草食家畜，2009（4）：12–15.

[24] 张志雄，周忠发，王金艳，等. 喀斯特石漠化环境下草地遥感调查与空间关系分析——以三都水族自治县为研究实例 [J]. 安徽农业科学，2012，40（9）：5416–5417，5564.

[25] 张继义，赵哈林. 退化沙质草地恢复过程土壤颗粒组成变化对土壤 – 植被系统稳定性的影响 [J]. 生态环境学报，2009，18（4）：1395–1401.

[26] 胡小龙. 内蒙古多伦县退化草地生态恢复研究 [D]. 北京：北京林业大学，2011.

[27] 李愈哲，樊江文，张良侠等. 不同土地利用方式对典型温性草原群落物种组成和多样性以及生产力的影响 [J]. 草业学报，2013，22（1）：1–9.

[28] 徐敏云，李培广，谢帆，等. 土地利用和管理方式对农牧交错带土壤碳密度的影响 [J]. 农业工程学报，2011（7）：320–325.

[29] 任继周，梁天刚，林慧龙，等. 草地对全球气候变化的响应及其碳汇潜势研究 [J]. 草业学报，2011（2）：1–22.

[30] 刘森. 大安市草地碳储量变化及影响因素研究 [D]. 长春：吉林大学，2012.

[31] Bethany A B，Dana M B，David S W，et al. Predicting plant invasions in an era of global change [J]. Trends in Ecology and Evolution，2010，25（5）：310–318.

[32] 林慧龙，王钊齐，张英俊. 综合系统评价视角下的草畜平衡机制刍议 [J]. 草地学报，2011，19（5）：717–723.

[33] 梁天刚，冯琦胜，夏文韬，等. 甘南牧区草畜平衡优化方案与管理决策 [J]. 生态学报，2011，31（4）：

1111–1123.
[34] 董全民，赵新全，马玉寿，等. 放牧对小嵩草草甸生物量及不同植物类群生长率和补偿效应的影响［J］. 生态学报，2012（9）：2640–2650.
[35] Gao Y，Wang D，Ba L，et al. Interactions between herbivory and resource availability on grazing tolerance of Leymus chinensis［J］. Environmental and Experimental Botany，2008，63（1）：113–122.
[36] 赵药蒂，钱勇. 放牧对草地退化演替的影响［J］. 青海草业，2011，20（2）：28–33.
[37] 阿拉木斯，敖特根，王成杰，等. 克氏针茅草原种群特征对放牧强度的响应［J］. 中国草地学报，2012（5）：35–39.
[38] Velasco A，Probanza A，Mañero F J，et al. Effect of fire and retardant on soil microbial activity and functional diversity in a Mediterranean pasture［J］. Geoderma，2009（153）：186–193.
[39] Xingpeng Liu，Jiquan Zhang，Zhijun Tong. Information diffusion-based spatio-temporal risk analysis of grassland fire disaster in northern China［J］. Knowledge-Based Systems，2010（23）：53–60.
[40] Yohay Carmel，Shlomit Paz，Faris Jahashan，Maxim Shoshany. Assessing fire risk using Monte Carlo simulations of fire spread［J］. Forest Ecology and Management，2009（257）：370–377.
[41] Zhang Z X，Zhang H X，et al. Flammability characterisation of grassland species of Songhua Jiang-Nen Jiang Plain（China）using thermal analysis［J］. Fire Safety Journal，2011（46）：283–288.
[42] 柴晓兰，王志军. 浅析草原生态保护补助奖励机制［J］. 新疆畜牧业，2011（4）：14–16.
[43] 王化，侯扶江，袁航，等. 高山草原放牧率与群落物种丰富度［J］. 草业科学，2013（3）：328–333.
[44] 刘贵河，王国杰，汪诗平，等. 内蒙古荒漠草原主要草食动物食性及其营养生态位［J］. 生态学报，2013（3）：856–866.
[45] 邓潮洲，储少林，李瑞年，等. 放牧强度对高寒草地产草量及羊体质量增加的影响［J］. 草业科学，2012（9）：1462–1467.
[46] 史印涛，关宇，张丞宇，等. 放牧强度对小叶章草甸土壤理化性状的影响［J］. 中国草地学报，2013（2）：83–88.
[47] 刘冬伟，史印涛，王明君，等. 放牧对三江平原小叶章草甸初级生产力及营养动态的影响［J］. 草地学报，2013（3）：446–451.
[48] 阿拉木斯. 载畜率对克氏针茅典型草原植被、土壤及牛体重的影响［D］. 呼和浩特：内蒙古农业大学，2012.
[49] 赵有益，林慧龙，张定海，等. 基于灰色－马尔科夫残差预测模型的甘南草地载畜量预测［J］. 农业工程学报，2012（15）：199–204.
[50] 王明君，韩国栋，崔国文，等. 放牧强度对草甸草原生产力和多样性的影响［J］. 生态学杂志，2010（5）：862–868.
[51] 希吉日塔娜，吕世杰，卫智军，等. 不同放牧制度下短花针茅草原主要植物种群的空间变异［J］. 中国草地学报，2013（2）：76–82.
[52] 红梅，余娜，赵宏儒，等. 放牧对土壤碳、氮含量空间变异的影响［J］. 草业科学，2013（4）：521–527.
[53] 安慧，李国旗. 放牧对荒漠草原植物生物量及土壤养分的影响［J］. 植物营养与肥料学报，2013（3）：705–712.

撰稿人：王　堃　韩烈保　孟　林　董世魁　孙洪仁
邓　波　邵新庆　班丽萍　张万军

专题报告

草遗传育种

一、引言

（一）学科概述

草遗传育种是研究牧草、草坪草和饲料作物遗传特性、品种选育和良种繁育理论与方法的科学。其基本任务是在研究和掌握草植物性状遗传变异特性的基础上，依据生产发展的需求，发掘、研究和利用草种质资源，采用可行的育种技术方法，选育适应一定地区经济、生产和生态条件的高产、稳产、优质、抗逆、抗病虫和适应性强的优良品种，并通过有效的繁育技术，在良种繁育和推广过程中，保持和提高种性，以实现生产用种的良种化、种子质量标准化，为促进草地畜牧业生产和生态环境保护与建设、城乡环境绿化美化等事业服务。

（二）学科发展历史回顾

1. 草遗传育种研究

植物育种是为满足人类需求而对植物进行遗传改良的艺术和科学[1]。进化论和遗传学是植物育种学的主要基础理论[2]。草遗传育种与其他作物的遗传育种一样，其发展大体上可以分为如下三个阶段。

1）在经典遗传学创建之前，早期的草遗传育种主要是通过育种者的感官观察、主观意向和经验来定向选择具有经济、环境、营养或美学等价值的植物种类，育种者应具备熟练快速发现新种或在同种群体中变异新类型的能力，以便使获选的植物类型表现出新颖性，如株形、叶形、叶色或花形、花色等性状的变化。育种者往往是在植物园或草场工作的业余育种爱好者，所以选择育种是早期草遗传育种研究的主要方式，可以说早期的草遗传育种倚重于技巧艺术性多于科学性。

2）随着近代经典遗传学的建立，植物育种逐步依赖于通过控制性状的染色体交换和重组来实现，杂交育种成为主要途径，经过杂交、诱变等手段实现基因的重组或突变、产生新的植物类型，开始摆脱主要凭技巧和经验进行育种的初级阶段，草类植物育种的发展实现了依赖科学性而非技巧艺术性的转变，逐步发展成为具有系统理论与科学方法的一门应用科学。

3）现代分子遗传学的创立为植物育种在DNA分子水平上进行基因的精致操作提供了途径。近30年来，植物育种真正进入了基因工程与常规杂交育种相结合的新阶段。据国际农业生物技术应用服务组织发布的统计资料，全球转基因作物自1996年实现产业化以来始终保持强劲的发展势头，2010年全球转基因作物种植面积已达到了1.48亿公顷，比2009年增加了10%，是1996年应用面积的87倍，种植国家达到29个，创造了近代农业科技发展的奇迹[3]。

我国草遗传育种研究历史大致可划分为如下三个阶段。

1）引种阶段。草的引种历史可以追溯到公元前138年和119年（西汉时期）的张骞出使西域。在带回良种马的同时，他从大宛国（现伊朗一带）也带回了紫花苜蓿种子在西安周边种植应用，并逐步扩展到西北、中原和华北各地[4]。在近代引种史中，自鸦片战争之后，欧美的牧草开始引入中国，其中传教士起了不小的作用。100多年前，欧洲传教士就给中国带来了一些牧草种子，如白三叶和红三叶等。有证据表明：在湖北省和南方其他许多地区广泛种植的“巴东”红三叶是1814年由比利时传教士带入湖北的，1990年由湖北省农业科学院畜牧研究所将该品种整理申报，经全国牧草品种委员会审定登记为地方品种[4]。

20世纪20～30年代，日本人曾从日本和美国引进一批牧草种子到吉林，如Grimm苜蓿、蒙大拿普通苜蓿、特普28苜蓿等，并在吉林公主岭试种；1932年，中央农业实验所和中央林业实验所从美国引进了100多份豆科和禾本科牧草种子，包括苜蓿、三叶草、百脉根、多年生黑麦草等；1934年，新疆南山种羊场从苏联引进了猫尾草、三叶草和苜蓿等；1942年，甘肃天水水土保持试验站从美国引进了白花草木樨和黄花草木樨等多种牧草；20世纪40年代中期，当时在南京为联合国救济署工作的McConey博士从欧洲、美国、东非、澳大利亚和新西兰等国家收集了一批牧草种子，引种在中国各地[5]试种，这些牧草中有的成为后来当地的逸生种，或经选育成为审定品种。

20世纪50年代起，我国先后在各地成立了一大批农业科研院所和大专院校，建立起一批专业队伍，开展了大规模的牧草引种试验研究。尤其是20世纪80年代以来，随着改革开放的不断深入，中国与国外的学术与技术交流日益频繁，世界各地的牧草新品种或种质资源材料不断引入我国各地进行试种、研究或应用，到2010年年底，我国牧草种质资源中心库已累计收集保存国内外牧草种质材料41214份，为牧草种质研究、创新和新品种选育研究提供了良好的基础支撑。

2）初级育种阶段。我国的草遗传育种研究起步较晚，现代可以从1943—1948年叶培忠教授于当时的农林部天水水土保持试验区开展的牧草杂交研究说起[6]。1944年，他以天水生长的狼尾草属紫芒狼尾草［*Pennisetum alopecuroides*（L.）Spreng］为母本，以徽县狼尾草和本地狼尾草为父本，用混合授粉法杂交，杂交后代生长茂盛、根系强大，被定名为叶氏狼尾草（*Pennisetum hybridum* Yieh），这是我国有记录可查的最早利用有性杂交方法进行牧草种间杂交选育新品种的事例。同时，他先后引种国内外草种 539 份、300 多种，通过比较从中筛选出 68 种有推广价值的优良牧草加以繁殖，还培育出杂交黑麦草等，使该试验区成为当时国内牧草引种和育种研究的重要基地。1946 年，他在天水从美国引进的材料中选育出二年生优良草种白花草木樨和黄花草木樨，并应用于水土保持实践，解决了当地农村急需的饲料、肥料和燃料问题，1956 年在全国第一次水土保持会议上，它们被誉为西北地区的“宝贝草”。1990 年经全国牧草品种审定委员会审定和农业部核准，这两个品种种植栽培历史超过 30 年，分别按地方品种被审定登记为“天水白花草木樨”和“天水黄花草木樨”，虽然这是在叶培忠辞世十多年后才将他的研究成果确认并公之于世，但他作为中国现代牧草育种研究开拓者的地位毋庸置疑。

从 20 世纪 50 ~ 70 年代，我国草育种研究主要应用筛选驯化与系统选育方法，将收集引进的牧草种质材料，经过田间种植观察，从中评价筛选出适宜当地生态环境和栽培条件的优良材料或品种，并进行良种繁育与推广应用。经过大量的引种、评价和筛选试验，从中选育整理出一大批适合当地生态条件的地方品种。如新疆的（和田）大叶苜蓿、北疆苜蓿；甘肃的天水苜蓿、陇东苜蓿、陇中苜蓿、河西苜蓿；内蒙古的敖汉苜蓿、准格尔苜蓿；陕西的关中苜蓿；山西的晋南苜蓿、偏关苜蓿；河北的蔚县苜蓿、沧州苜蓿等。此外，南方引种筛选出格拉姆柱花草、胡衣阿白三叶、阿伯德多花黑麦草、桂引 1 号宽叶雀稗等一大批引进品种。在草坪草方面，1944 年联合国救济总署赠给甘肃天水水土保持试验站的 453.6 千克（1000 磅）野牛草种子，于 1955 年由中国科学院植物研究所从天水引种到北京进行栽培研究，并于 1958 年起在北京天安门广场等十大建筑周围种植野牛草草坪，成为当时首都绿化的先锋草种，此后在华北、西北和东北等地大面积推广种植。

我国牧草育种工作者在筛选驯化的基础上，对一些野生牧草进行了选育，如筛选驯化出东北羊草、无芒雀麦、黄花苜蓿、沙打旺、察北披碱草、甘南垂穗披碱草等。这一时期，一些单位应用传统的系统选育等方法也开展了牧草育种研究工作。如吉林省农业科学院畜牧研究所从 1955 年起，将引自美国的 Grimm 苜蓿在公主岭进行驯化和系统选育，经过 30 多年的研究，于 1987 年通过全国牧草品种审定委员会审定，育成登记了丰产性优良的“公农 1 号”紫花苜蓿品种；同时，他们还以国外引进的蒙大拿普通苜蓿、Grimm19 苜蓿、普特 28 苜蓿等 5 个苜蓿品种为原始材料，经过多代混合系统选育，育成登记了抗寒、适应性强、丰产的“公农 2 号”紫花苜蓿品种。内蒙古农牧学院用黄花苜蓿与紫花苜蓿杂交的方法，育成了“草原 1 号”和“草原 2 号”杂花苜蓿品种[7]。

3）全面发展阶段。从 20 世纪 80 年代至今，我国草遗传育种研究得到快速发展，1981 年在中国草原学会下设立了全国牧草育种专业委员会，目前会员发展到 200 多人。1987 年，农业部正式发文成立了全国牧草品种审定委员会，负责全国草品种的审定登记工作，逐步建立和完善了牧草品种审定的有关标准，2006 年颁布实施了《草品种审定技术规程》的农业行业标准，2008 年起建立了统一管理的国家草品种区域试验网，进一步规范了牧草新品种申报的相关要求。从“九五”计划开始至今，国家“863”计划、“科技攻关”和“科技支撑”等计划都将草遗传育种单列专题研究。这些举措极大地促进了我国草遗传育种研究工作，这一时期所应用的育种技术和方法也逐步丰富，包括杂交育种、辐射诱变和航天诱变育种、杂种优势利用、生物技术育种等技术的综合应用，并选育出一大批新品种[7-11]。

2. 草种质资源研究

草种质资源是控制草各种性状的基因载体，是可供育种及相关研究利用的各种生物类型，凡能用于草品种遗传育种研究的生物体均可称为草种质资源，包括各类品种、突变体、野生种、近缘种、无性繁殖器官、细胞或组织、单个染色体或基因、DNA 片段等。发达国家对草种质资源的收集、保存和利用都非常重视，美国、俄罗斯、新西兰、加拿大、澳大利亚等畜牧业发达国家保存的牧草种质资源均在 2 万份以上。

我国对牧草资源的收集始于张骞出使西域引进紫花苜蓿，近代于 100 多年前通过欧美传教士等渠道引进过少量草种质材料，在 20 世纪 20 ~ 40 年代先后从美国、苏联和日本等国引进过数百份草种质材料。20 世纪 50 年代，王栋教授赴内蒙古锡林郭勒盟进行草地及牧草种质资源考察和收集。1952 年，受农业部委托，贾慎修教授赴西藏进行草场资源及牧草资源的调查。1964—1965 年成立综合考察队，对内蒙古锡林郭勒盟白音锡勒牧场 3730 平方千米的土地进行牧草资源调查，采集植物标本 6096 号。1973 年始，中国农业科学院草原所牧草种质资源研究室赴新疆伊犁草原、贵州及海南岛草山草坡、黄土高原和西藏高原共收集牧草种质资源 925 份。1980—1985 年开展的全国第一次草地资源调查，基本摸清了我国草地及牧草资源家底，已查明，我国草地饲用植物 6352 种，其中豆科 1157 种，禾本科 1028 种。

1986 年，中国农业科学院品种资源研究所在北京建立了国家作物（包括牧草）种质资源保存长期库。20 世纪 70 年代之前，在国内共收集到牧草种质资源 5000 余份，分散保存在 100 多个科研和教学单位。1989 年，在农业部畜牧兽医司科技处的支持下，中国农业科学院草原所建立了 1 座牧草种子中期库，至 2010 年年底，该中期库保存种质已达 36 科 340 属 736 种（或品种）10768 份[4]。1997 年财政专项和 2005 年国家自然科技平台——牧草植物种质资源标准化整理、整合及共享平台项目启动，使我国草种质资源的收集研究工作得到了空前快速的发展。迄今为止，全国已建成 1 个中心库——全国畜牧总站牧草种质资源保存利用中心（北京），2 个备份库——温带草种质备份库（中国农业科学院草原研究所，呼和浩特）和热带草种质备份库（中国热带农业科学院热带作物品种资源研究所，儋州）。目前，全国低温种质库共保存草种质材料 41214 份，资源圃田间保存无性材料 588 份，离体保存草种质材料 482 份；初步完成农艺性状评价鉴定 21590 份，种质分发利用 4089 份；制定行业标准 3 部，研发牧草种质资源描述规范和数据标准 116 套，建立了“国家草种质资源保护管理系统”和“国家牧草种质资源共享平台”，使我国草种质资源收集、整理、保存和共享利用逐步标准化、信息化和现代化。

二、现状与进展

（一）本学科发展现状及动态

1. 草遗传育种研究

自 1987 年全国牧草品种（后改为“草品种”）审定委员会正式成立至 2011 年，通过该委员会审定登记的草品种总计 444 个，其中：育成品种 167 个，国外引进品种 139 个，野生栽培品种 89 个，地方品种 49 个。通过分析上述这些品种的选育方法和过程，现阶段我国草品种选育主要采取了如下几种育种方法[7-11]。

1）选择育种。中国农业科学院草原研究所以内蒙古伊盟乌审旗塔落岩黄芪野生群体为原始群体，通过单株选择与混合选择相结合的方法，于 1998 年育成了“中草 1 号塔落岩黄芪”新品种。同时，以毛乌素沙漠大面积细枝岩黄芪野生群体为原始材料，经单株选择和混合选择相结合，于 1999 年育成了“中草 2 号细枝岩黄芪”新品种，与原始群体相比，它在同等条件下增产约 20%。此外，吉林省农业科学院畜牧分院草地所以吉林省西部野生朝鲜碱茅为育种原始材料，以 15℃ ±2℃恒温条件下发芽率高低为选择标准进行单株选择，通过组合优良株系建成综合种，于 1999 年育成了“吉农朝鲜碱茅”新品种，改变了原野生种需要变温发芽和发芽期长的不良性状。

2）杂交育种。20 世纪 60 年代初，内蒙古农牧学院以锡林郭勒野生的黄花苜蓿为母本，以准格尔的紫花苜蓿为父本进行人工控制的种间杂交育种，历经 20 年品种选育，培育出了抗寒性优良的“草原 1 号杂花苜蓿”。同时，他们以锡林郭勒野生的黄花苜蓿为母本，以准格尔、武功、府谷、亚洲和苏联 1 号 5 个紫花苜蓿材料为父本，进行多父本的人工种间控制授粉，选育出既抗寒又抗旱、耐盐碱、适应性广的“草原 2 号杂花苜蓿”新品种。20 世纪 80 ~ 90 年代，甘肃农业大学从捷克引进的 6 个品种、美国引进的 3 个品种、新疆大叶苜蓿、矩苜蓿等 14 个品种中选择优良单株，经多元杂交法选育出适宜灌溉条件生长的丰产型“甘农 3 号”紫花苜蓿新品种。黑龙江省畜牧研究所从 1972 年开始，以野生二倍体扁蓿豆作母本（或作父本）、地方良种四倍体肇东苜蓿作父本（或作母本），结合辐射处理，进行人工远缘杂交，于 1993 年育成了抗寒性优良、抗病虫的“龙牧 801 苜蓿”和“龙牧 803 苜蓿”两个品种。

3）诱变育种。在辐射育种上，辽宁省农业科学院土壤肥料研究所等单位从 1973 年起开展沙打旺早熟新品种选育研究，他们将原产于黄河故道、在辽宁省西部栽培驯化多年的沙打旺种子，经 ^{60}Co-γ 射线照射后，在后代中采用系统选择和集团选择相结合的方法，选育出花期提前约 20 天的“早熟沙打旺”新品种。在航天诱变育种方面，中国农业科学院北京畜牧兽医研究所从 1996 年起，利用我国返回式卫星搭载栽培沙打旺良种，利用太空射线等作用进行诱变处理，从中选出诱变的早熟优株与采自五台山的野生沙打旺杂交，分别于 2006 年和 2009 年从后代中选育出品质得到明显改良且丰产的“中沙 1 号沙打旺”和具有匍匐、半匍匐生长习性，兼具水土保持、绿化和饲用的“中沙 2 号沙打旺”新品种。同时，他们还以“保定苜蓿”为原始材料，利用太空诱变结合杂交及系统选育方法，于 2010 年育成了丰产型的“中苜 6 号紫花苜蓿”新品种。

4）杂种优势利用。江苏省农业科学院土壤肥料研究所以 1986 年从美国引进的美洲狼尾草核质互作型不育系 Tift23A 为母本，以恢复系 BiL3B-6 为父本杂交，通过后代的配合力测验确定两者杂交的 F_1 代杂种优势明显，从而于 1998 年选育出高产、优质、抗病的“宁杂 3 号美洲狼尾草”新品种。1982 年起，安徽省农业技术师范学院等单位利用多个高粱不育系和多个苏丹草品种进行杂交，选定饲草用配合力高的高粱不育系和苏丹草品种再行杂交选配新组合，通过进行品种比较试验和栽培技术研究，最终选出[TX623A × 722(选)]组合，并于1998年育成了“皖草2号高粱 - 苏丹草杂交种”新品种。广西畜牧研究所利用杂交狼尾草（美洲狼尾草 × 象草）偶然出现的可育株为母本，以摩特矮象草为父本进行有性杂交，收获杂种 F_1 种子，播后选株，获得综合性状优良的单株，并用无性繁殖方法保持和利用其杂种优势，于 2000 年育成了“桂牧 1 号杂交象草”新品种。

5）多倍体育种。江西省畜牧技术推广站从引进品种二倍体（Birca）多花黑麦草中优选单株，用秋水仙碱使染色体加倍后，又经 $^{60}Co-\gamma$ 射线照射种子，于 1994 年选育出再生性、丰产性和抗性优良的“赣选 1 号多花黑麦草”四倍体新品种。上海农学院以美国俄勒冈多花黑麦草和 28 号多花黑麦草为原始材料，通过辐射诱变，采用群体改良方法，于 1995 年育成了高产优质的“上农四倍体多花黑麦草”品种。

6）抗病虫育种。中国农业科学院兰州畜牧兽医研究所引种 69 份以紫花苜蓿为主的品种（材料），通过多年接种致病性鉴定，选出 5 个抗病的高产品系，采用多元杂交法，于 1998 年育成了抗霜霉病、褐斑病和锈病的“中兰 1 号紫花苜蓿”新品种。从 2003 年开始，甘肃农业大学以澳大利亚的 3 个高抗蚜虫苜蓿品种，按一定比例配置，构成一个基础群体，在人工网室中鉴定，随机交配，选优去劣，经 3 次田间混合选择后又在室内进行抗蚜和抗蓟马鉴定筛选，于 2010 年育成了抗虫的“甘农 5 号紫花苜蓿”新品种。

7）生物技术育种。江苏省农业科学院畜牧研究所从 2003 年起，以 NaCl 胁迫下离体筛选 N51 象草体细胞突变体，利用植物组织培养的离体筛选技术，筛选耐盐细胞系再生植株，并对其进一步进行耐盐筛选鉴定，从中获得耐盐的优良株系，经品种试验，于 2010 年选育出耐盐性好、高产的“苏牧 2 号象草”新品种。从 1984 年起中国农业科学院畜牧研究所利用植物组织培养的离体细胞筛选技术，从紫花苜蓿耐盐诱变的体细胞筛选中获得了耐盐的优良株系作为原始亲本之一，与保定苜蓿、秘鲁苜蓿、南皮苜蓿、根选 RS 苜蓿混群授粉，在含盐 0.4% 的盐碱地上种植，经 4 代的筛选，于 1997 年培育出耐盐性优良的“中苜 1 号紫花苜蓿”。近年来，随着基因工程技术的迅速发展，国内一些牧草育种单位先后投入大量人力和物力进行牧草基因工程改良的研究，主要针对耐逆性、抗病虫性、品质改良、育性等育种目标，先后克隆出几十个重要牧草相关基因，但迄今为止，我国尚无转基因牧草品种育成，只有少数几个转基因草（草地早熟禾、高羊茅、紫花苜蓿等）的株系获得国家农业转基因生物安全委员会批准进行小规模的中间试验，相信不久的将来我国也将培育出转基因的草新品种。

2. 草种质资源研究

1）草种质资源的收集、保存及保护体系的建立。我国草种质资源考察、搜集工作始于 20 世纪 50 年代。在国家项目特别是农业部专项资金的支持下，通过野外考察、广泛收集和国外引种，至 2011 年，低温种质库共保存草种质材料 41214 份，分属 82 科 478 属 1420 种。其中中心库保存草种质材料 23502 份；温带草种质备份库保存草种质材料 11000 份；热带草种质备份库保存草种质材料 3000 份，国家作物种质长期库保存草种质材料 3712 份。资源圃田间无性材料保存 12 科 35 属 69 种 588 份。离体保存草种质材料 482 份。草地类保护区主要保护 105 个科 568 个属 1643 个种。保护了古老的第三纪孑遗传植物沙冬青，国家重点植物蒙古扁桃等 11 种，保护中国特有种黑紫披碱草等 49 种重要植物资源，基本实现了抢救性保护工作的阶段性目标。已建立的包括 1 个中心库、2 个备份库、17 个资源圃（分布在北京、吉林公主岭、江苏南京、湖北武汉、四川洪雅、云南寻甸、甘肃武威、天祝、青海西宁、同德、刚察、新疆乌鲁木齐、河静、察布查尔、内蒙古呼和浩特、和林、海南儋州）和 10 个生态区域技术协作组（包括东北、华北、华东、华中、华南、西南、黄土高原、青藏高原、内蒙古、新疆区域牧草种质资源保护技术协作组），覆盖全国 31 个省（自治区、直辖市）的国家级草种质资源保存利用体系，功能明确，分工合理，保存安全，稳步推进了全国范围内的牧草种质资源保护工作，为提高我国新草品种选育水平、保障生态安全、实现草地畜牧业生产的可持续发展提供了种质材料和科技支撑。

2）草种质资源的农艺性状及抗逆评价鉴定。1986—1995 年，由中国农业科学院畜牧研究所主持的“牧草种质资源鉴定和筛选利用的研究”国家科技攻关专题，是我国草种质资源大规模评价鉴定的开始，项目对 5 个气候带的不同生态类型试验区种植材料进行了植物学及农艺性状鉴定，完成鉴定材料 4543 份，完成抗逆性鉴定材料 1324 份，筛选出优良性状突出的材料 213 份。截至目前，已完成农艺性状评价鉴定 21590 份，抗性评价鉴定 5519 份。其中，抗病虫鉴定种质 661 份，抗旱鉴定 1578 份，抗寒鉴定 405 份，耐盐鉴定 2556 份，耐热鉴定 156 份，其余 163 份。上述农艺性状、抗逆、抗病、抗虫、优质种质的鉴定，为优异基因的挖掘和种质资源的创新利用奠定了基础。

3）优异基因资源的挖掘。我国牧草种质资源新基因发掘起步较晚，基础较差，目前常用的方法主要有基于遗传作图、比较基因组学、生物信息学等。基于遗传作图的新基因发掘实际上是一种已使用了数十年的发现新基因的方法，目前发现的新基因主要是利用这种方法完成的。10 多年来，分子标记技术的发展使主要牧草如苜蓿、三叶草、黑麦草、结缕草、高丹草等遗传连锁图的绘制取得突破性的进展，从而使基于遗传作图的新基因发掘得到有力保障。利用比较基因组学的方法也是发掘新基因的主要手段之一。目前在牧草上利用较多的是同源克隆，如根据拟南芥 Na^{+}/H^{+} 逆向转运蛋白基因进行紫花苜蓿、中间偃麦草、柠条、霸王等的 Na^{+}/H^{+} 逆向转运蛋白基因同源克隆；根据拟南芥 DREB 转录因子进行狗牙根、苜蓿、高羊茅、野牛草等的 DREB 同源克隆。利用生物信息学技术是目前新基因发掘的新型技术。在植物上已完成对拟南芥、水稻等作物的全基因组测序；截形苜蓿全基因组测序已接近完成；正在进行的有玉米、小麦等作物的全基因组测序项目；很多植物的大量 cDNA 和 EST 序列信息等都将大大加快新基因发掘的速度。

4）草种质资源的创新与利用研究。种质创新的方法较多，其中以杂交、诱变及转基因方法为主，而有性杂交仍然是目前种质创新的最有效方法。如对羊茅属和黑麦草属进行的远缘杂交以及小麦族内多年生牧草（冰草属、披碱草属、赖草属、大麦属）进行的种、属间杂交都取得了成功，创制了一批有特殊育种价值的材料。辐射诱变、化学诱变、离子注入以及空间诱变等技术，已被证明是有效的创新手段。我国在空间诱变方面已居世界先进水平，利用搭载返回式卫星，以苜蓿、沙打旺、新麦草、红豆草、柱花草、垂穗鹅观草、无芒雀麦、杂种冰草等航天诱变牧草种子为材料，探讨牧草空间诱变遗传机制，建立牧草多因素诱变育种技术体系，创制了一批有潜力的新种质。

在倍性育种技术方面，收集冰草、红三叶、野牛草、新麦草、鸭茅、猫尾草、黑麦草 - 羊茅等牧草的种质材料 100 多份。通过倍性育种技术手段，获得了在产量、品质、抗逆性等性状上表现突出的红三叶等牧草新种质材料 19 个，培育新品系 13 个，制定了冰草和新麦草倍性育种技术体系 2 项；研制了新麦草愈伤组织及体细胞染色体加倍技术和冰草属种间杂种 F1 代植株染色体加倍技术体系，通过草地羊茅花药愈伤组织分化培养和利用游离小孢子培养获得鸭茅单倍体植株技术。

转基因技术是目前牧草种质创新的主要手段之一。国外在木质素、单宁等牧草品质改良方面进行了大量研究[11-12]，我国则主要在早熟禾、结缕草、冰草、苜蓿等抗旱、耐寒、耐盐等抗逆基因工程方面进行了有益的尝试。现代育种技术如细胞组织培养、原生质培养及原生质体融合、外源基因转化等技术飞速发展，创造出了许多新的优良种质材料，加快了牧草新品种的选育，提高了牧草育种的科技水平。

5）草种质资源平台建设和种质资源的共享利用。2005 年，国家牧草植物种质资源标准化整理、整合及共享平台项目启动，至 2008 年 12 月，共完成了 8000 余份牧草种质资源的标准化整理、整合及数字化表达；建立和完善了全国牧草种质资源信息共享网络系统，实现了与国家平台门户网站及 E- 平台的联网，向 E- 平台和国家平台门户网站提交了 9500 余份种质的共性描述数据及 15000 余幅图像，实现了 9500 余份牧草种质资源的信息共享；完成了 5000 余份重点牧草种质资源的繁殖更新、标志性数据信息的补充采集及 5000 余份种质的实物共享；完成了 2700 余份珍稀、濒危及特异牧草种质资源的抢救性收集、整理及其异地保护；累计研究和制定牧草种质资源描述规范和数据标准 116 套，其中包括 70 套重点牧草种质资源描述规范和数据标准的研究制定及 70 套描述规范和数据标准的验证完善；先后制定了《国家牧草种质中期库资源分发利用细则》、《国家种质多年生牧草圃资源分发利用细则》、《牧草种质资源信息和档案管理制度》、《牧草种质资源一、二、三类保护名录》、《牧草种质资源对外交换原则》等多项规章和制度。使我国草种质资源收集、整理、保存和共享利用逐步实现标准化、信息化和现代化。

（二）本学科重大进展及标志性成果

1. 初步构建起我国草遗传育种研究的体系

在人才队伍方面，我国草遗传育种研究队伍历经几代人的努力，从无到有、从小到大，以中国农业科学院、甘肃农业大学、内蒙古农业大学、中国热带作物研究院、四川农业大学、吉林省农业科学院、新疆农业大学等为骨干单位、涉及 40 多家科研院所和大学、分布于不同区域的全国草遗传育种研究体系已初步形成，专门从事该领域研究的队伍达 200 多人。此外，全国共有 40 多个院校和研究机构开设了草学专业，从事学士、硕士、博士和博士后不同层次人才的培养，形成了具有我国特色的人才培养体系，为事业的后续发展不断输送新鲜力量奠定了基础。学术活动方面，中国草学会下设的全国牧草遗传资源、牧草育种及草坪草专业委员会定期每两年举行一次学术交流会议。研究经费资助方面，自"九五"以来，草品种选育研究均得到国家有关部门的专项资金支持，而且投入的经费数额逐步增长，保证了业务的正常开展。管理方面，自 1987 年正式成立全国牧草品种审定委员会以来，每年举行一次草品种审定会，极大地促进了我国草品种选育研究，不断制定和完善了有关草品种审定的规章、规程和标准，尤其是从 2008 年开始，政府财政专项支持的全国草品种区域试验网已初步形成，由全国草品种审定委员会统一管理的区试点已达 40 多个，遍布全国各个不同生态区，使草品种的审定更加规范、科学和公正。截至 2011 年，我国登记审定的草品种 444 个，其中育成品种为 167 个，另有引进品种 139 个，野生栽培品种 89 个，地方品种 49 个。在近 10 年里，由国家拨款 10 多亿元专项资金，在全国建立了 80 多个草种良繁基地，使新品种培育与良种繁育和推广利用有机结合起来。

2. 遗传育种及资源创新中基础理论和新技术研究不断深入

利用现代生物技术和其他育种新技术相结合，在遗传育种、亲缘关系分析、分子标记辅助育种、指纹图谱构建、资源创新等工作中取得一定进展。

1）2001 年，阎贵兴主编的《中国草地饲用植物染色体研究》一书，系统记述了自 20 世纪 80 年代以来，我国科技人员在饲用植物染色体研究方面取得的成果，介绍了包括重要牧草的 254 种饲用植物的染色体数目及核型、地理分布等研究结果[13]，为应用倍性育种等方法进行草品种选育研究打下了坚实的基础。内蒙古农业大学宛涛 1999 年主编出版的《内蒙古草地现代植物花粉形态》一书，总结描述了典型草原及荒漠草原主要植物孢粉学研究的成果，涉及 324 草种，分属于 45 个科的 187 个属，在草原区野生植物、濒危植物、珍稀植物中，为研究植物演化和亲缘关系做了有益探索[14]，是我国草地植物花粉形态方面的一部工具书。

2）内蒙古农业大学云锦凤课题组采用远缘杂交、染色体加倍及基因组原位杂交检测、DNA 分子标记辅助选择相结合的方法，系统地开展了小麦族内多年生牧草（冰草属、披碱草属、赖草属及大麦属）的种、属间远缘杂交及杂种后代育性恢复研究。在探索亲本间亲缘关系的同时，开展了冰草新种质创制和新品种选育研究，育成一批高产、优质、抗逆性强的冰草新品种及新品系[15]。此外，国内远缘杂交还在包括紫花苜蓿 × 黄花苜蓿、紫花苜蓿 × 扁蓿豆、苏丹草 × 拟高粱、美洲狼尾草 × 象草等组合开展了研究，育成了一些新品种（品系）。

3）辐射诱变及空间诱变等诱变技术已被证明是种质创制的有效手段。我国在空间诱变方面已居世界先进水平，自 1994 年开始牧草材料的搭载，首次搭载了红豆草、苜蓿和沙打旺。返回地面种植后发现诱变当代红豆草与对照相比，生长力和抗病力增强，花期延长，胚根变长；苜蓿出苗率高，成苗整齐；部分沙打旺开花模式发生改变。播后第二年红豆草幼花序的过氧化物酶、苜蓿叶片的淀粉酶和沙打旺幼花序的酯酶都发生了变化。此后，神州 3 号、4 号陆续进行了各类草的搭载，包括红豆草、紫花苜蓿、高羊茅和柠条等，发现了矮化及叶片有条纹的多年生黑麦草突变体。草地早熟禾诱变后代在个体、细胞、代谢以及分子等不同水平都产生了明显的变化。空间环境影响其对光能的利用效率和固定 CO_2 的能力，改变了其叶绿素的含量及种类的比例，明显改变过氧化物酶同工酶和酯酶同工酶的组成和活性，蛋白质水平上也出现了明显变异。红豆草搭载后代部分植株在播种当年未开花，出现部分匍匐型突变体，对叶片的同工酶电泳结果与对照比较，过氧化物酶谱带差异不明显，而脂酶同工酶谱带明显增多。这些研究为牧草诱变育种奠定了基础。

4）利用分子生物学等新技术进行基因克隆、调控分析和转基因等研究。如杂种优势利用是培育牧草高产品种的有效方法之一，育性基因调控是解决亲本选配中最关键的问题，许多异花授粉的豆科牧草是高度自交不育的，并具有自交退化现象，从而限制了其通过自花授粉培育自交系及杂种优势利用的途径。高度自交不育的牧草有红三叶、杂三叶、白三叶、紫花苜蓿、草木樨、百脉根等，一般认为自交不育是由一个配子体自交不亲和基因控制的，在异花授粉的红三叶、杂三叶、白三叶中均发现了一些不亲和性的等位基因，它们位于花柱组织中，抑制了花粉管的伸长，使它不能到达子房受精。经过近五年的研究，2011 年中国农业科学院北京畜牧兽医研究所牧草遗传育种室李聪课题组在国际权威刊物 *The Plant Journal*（IF=7.0）发表了有关 AtPPR2 基因在植物配子体和胚胎发育中功能研究的高影响因子论文[16]，在基础理论研究方面进行了有科学价值的探索。此外，近年来，我国草业科学研究者在 *Electrophoresis*、*Molecular Biology Reports*、*Molecular Breeding* 等 SCI 收录的学术刊物上先后发表了多篇涉及草遗传育种方面的研究论文，在国际学术刊物上我国学者署名的研究论文逐渐增多。近年来，许多高校和科研单位进行了草基因克隆方面的研究，从苜蓿、中间偃麦、草苇状羊茅、早熟禾、冰草等牧草和草坪草中分离克隆出一批与耐盐、品质、抗病等相关的基因，并进行了功能鉴定；开展了苜蓿耐盐、抗旱、品质改良等方面基因工程育种研究；初步建立了四倍体偃麦草的分子标记连锁图，对低温影响牧草的生长及代谢产物的积累的QTLs进行了分析；还开展了类玉米和黑麦草等抗病基因的克隆和生物信息学分析等研究。

3. 牧草种质资源保护体系已渐成熟

已建立的包括1个中心库、2个备份库、17个资源圃、10个生态区域技术协作组，覆盖全国31个省（自治区、直辖市）的国家级草种质资源保存利用体系，功能明确，分工合理，保存安全，稳步推进全国范围内的牧草种质资源保护工作，为提高我国新草品种选育水平、生物多样性保护、保障生态安全、实现农业与草地畜牧业可持续发展提供了种质材料和科技支撑。在农业部专项资金的支持下，通过野外考察、广泛收集和国外引种，低温种质库保存草种质材料41214份，资源圃田间保存无性材料588份，离体保存草种质材料482份。保存国家重点保护植物沙冬青、蒙古扁桃、四合木等11种以及中国特有种黑紫披碱草、塔落岩黄芪等49种。这些资源的保护将对我国生物技术产业的发展、未来的国际资源竞争、确保国家生物资源安全具有重大的战略意义。

4. 搭建资源共享平台，逐步推进资源创新利用

牧草种质资源保护始终贯彻科学保护与合理利用的原则，初步建立了保护与利用相协调的长效机制，已向育种、生产和其他研究机构提供优异种质4089份，充分发挥了草种质资源的生产潜力。2009年实施的《国家草种质资源中期库种质分发利用管理规定（试行）》进一步加强了草种质资源保护与管理，促进了草种质资源交流与合理利用。为充分运用信息、网络等现代技术，建立了“国家草种质资源保护管理系统”，使我国草种质资源收集、整理、保存和共享利用逐步实现标准化、信息化和现代化。

（三）本学科与国内外同类学科比较

尽管我国在草遗传育种和种质资源研究中取得了一些成绩，但与发达国家本学科及国内主要农作物相比还存在不小差距。

1. 在基础理论和新技术研究方面，国外在牧草遗传基础方面做了大量的工作

美国、英国、法国、日本等对禾本科冰草属、披碱草属、羊茅属、黑麦草属、大麦属等以及豆科苜蓿属等多年生牧草之间的远缘杂交进行了大量研究，取得了一些重要研究成果。遗传连锁图谱是植物遗传基础研究中的一个重要组成部分，利用RFLP、SSR等多种分子标记进行的遗传作图已经成为遗传育种研究的重要工具。分子标记的利用包括品种识别（DNA指纹，主要涉及育种者的知识产权保护等）、分子标记辅助选择（marker-asssisted-selection，简称MAS）、图谱克隆［map-based-cloning，简称MBC，含表型克隆和位置克隆等，是通过将分子标记作为探针分离在克隆载体上的大DNA片段分别到酵母人

工染色体（YACs）或细菌人工染色体（BACs）中，大DNA片段（大到900kb的片段）可以用来分析感兴趣的与野生基因型相对的变异，尤其在抗病性基因的分离中效果明显］。如美国在狗牙根材料分子鉴定中，利用DAF（DNA扩增指纹）方法，应用8个碱基的11对不同引物，结果显示：93个狗牙根样本中的63%与Tifway、Tifgreen和Tifdwarf有亲缘关系。他们还利用基因芯片技术，在剪股颖和海雀稗等草种的分子标记方面做了大量的研究工作。

与粮食作物相比，许多牧草与乡土草为多年生、异花授粉的多倍体植物，遗传背景杂合、复杂，从而限制了牧草遗传学研究，如紫花苜蓿、红三叶、鸭茅等为同源四倍体，而羊草、白三叶为异源四倍体。异交多倍体牧草存在分离基因型多、不同DNA片段共分离、杂交后代表现为四倍体遗传等特点，造成其在遗传分析上存在很多困难。虽然目前已经构建了紫花苜蓿、白三叶、高羊茅等多倍体牧草的分子连锁图谱，但选用基因组较小，遗传方式简单的二倍体牧草进行精确度高的分子遗传作图更具有遗传基础研究价值。二倍体自花授粉的截形苜蓿具有一年生、基因组小等特点，在植物基因组学研究中，已发展成为豆科模式植物。国际上截形苜蓿基因组研究计划历时近10年，截形苜蓿基因组中94%的基因已被定位测序[17]，这对豆科牧草（尤其是紫花苜蓿）的分子遗传育种研究具有划时代的意义。美国孟山都公司与牧草遗传国际公司合作研发的转cp4 epsps基因抗草甘膦除草剂紫花苜蓿Roundup Ready™新品种，在经过严格的安全性评价和一系列法律程序后已于2010年批准释放，这标志着转基因苜蓿将和转基因棉花、大豆、玉米等农作物一样，会在全球迅速发展推广。

2. 发达国家十分重视草种质资源的开发利用和育种研究

美国累计搜集引进牧草种质材料2.5万份；俄罗斯瓦维洛夫植物栽培研究所搜集牧草种质材料2.8万份；新西兰国家种质资源库搜集牧草种质材料2.5万份；澳大利亚联邦科工组织搜集牧草种质材料3.2万份。这些国家对搜集到的牧草种质材料均进行了有效的开发和创新性研究，培育出大量优质高产的牧草新品种。如美国近几年中，平均每年审定登记的苜蓿品种就多达约40个，现已审定登记的苜蓿品种有1200多个，为实现牧草良种的更新换代提供了强有力的支持，在生产上其良种的覆盖率达到100%，而我国现有审定登记的苜蓿品种仅为70多个（其中还包括一些引进的国外苜蓿品种），生产上良种覆盖率不足20%。

3. 草品种选育与国内农作物品种选育相比，在数量和质量上均差距明显

据统计，1949—2003年全国先后培育出41种作物的5000多个新品种、新组合，使农作物品种更新换代了4～5次，每更换一次，增产10%～30%[18]，如今农作物良种覆盖率达到95%以上。而到2011年年底为止，全国审定登记的草品种仅444个，其中还包含139个国外引进品种，早期审定的有些品种因未经统一区试，质量参差不齐，因而限制了它们在生产上的推广种植。

三、展望与对策

（一）本学科未来几年发展的战略需求、重点领域及优先发展方向

1. 战略需求

根据预测分析，2015 年，我国畜牧业的产业目标是肉、蛋、奶年产量要分别达到 9500 万吨、3600 万吨、2500 万吨。按 2003 年饲料粮约占粮食总产量的 36% 计算，要达到上述目标，今后几年中，我国每年粮食的缺口在 5000 万吨以上，实际上近两年，我国年进口粮食均超过了这个数字，仅大豆就进口达 5000 多万吨，小麦和玉米进口达 1000 多万吨。因此，依靠粮食增产来促进畜牧业发展的途径十分困难，必然要大力推进种草养畜、发展草地畜牧业，才能逐步满足人民生活水平不断提高的需求。根据国务院批复的《全国草原生态建设规划》“按照统一规划、分步实施、重点建设的原则，争取用 5 年的时间，新增人工草地 2 亿亩，改良草原 3 亿亩，建设围栏草原 10 亿亩。到 2020 年，使我国生态环境整体恶化的趋势得到基本遏制，使草原严重退化区、生态脆弱区和重要江河源头区的草原植被有所恢复。初步形成人与自然和谐相处的良性生态系统”，意味着今后 10 年内，我国人工草地建设和生态环境保护建设中，年需优良草种种子约 30 万吨，将形成一个年规模为 30 亿 ~ 40 亿元的草种业市场。而目前我国年生产能力 10 万 ~ 15 万吨，所以加速草新品种选育和良种繁育工作是未来几年的战略需求。

2. 重点领域及优先发展方向

1）开展重要草种（包括紫花苜蓿、白三叶、柱花草、沙打旺、羊草、冰草、披碱草、草地早熟禾、高羊茅、黑麦草、高粱 – 苏丹草等）主要遗传性状的基础理论研究（包括遗传繁殖特性、杂种优势利用、丰产、优质、抗逆、抗病虫等性状的遗传规律）。

2）综合应用各种育种方法进行重要草种（包括紫花苜蓿、白三叶、柱花草、沙打旺、羊草、冰草、披碱草、草地早熟禾、高羊茅、黑麦草、高粱 – 苏丹草等）的新品种选育，主要选育目标围绕丰产、优质、抗病虫、抗逆等性状改良进行。

3）优先保护重要草种质资源。在广泛收集的基础上，优先抢救濒危、珍稀、特有的草种质资源，优先保存覆盖面广而且具有现实和潜在开发价值的草种质资源，优先保护最具有遗传多样性、代表性的核心种质，努力使牧草生物多样性的丧失与流失趋势得到有效遏制。

4）重要草种质资源遗传多样性鉴定与特殊性状的挖掘和利用研究。利用植物形态学、细胞遗传学和分子生物学等手段，进行草种质资源遗传多样性分析，并挖掘和利用其中具有重要农艺性状的基因资源。

（二）未来几年发展的战略思路与对策措施

1. 加强专业人才队伍建设和基础理论研究

通过研究生培养等不同渠道，建立一支高水平的研究队伍，使草遗传育种和种质资源研究后继有人。积极开展国际学术交流与合作，及时了解本研究领域的前沿问题。同时，加强重要草种遗传育种基础理论和新方法、新技术的研究。

2. 突出重点，紧密围绕生产建设需求开展新品种选育研究

重点对紫花苜蓿、白三叶、柱花草、沙打旺、羊草、冰草、披碱草、草地早熟禾、高羊茅、黑麦草、高粱－苏丹草等生产用量大的草种，开展丰产、优质、抗病虫、抗逆新品种选育研究。

3. 加强常规育种与新技术育种的有效结合，缩短育种进程，以提高育种效率

目前，常规育种方法仍是世界各国选育新品种的基本途径，但随着科学技术的迅猛发展，要积极探索各种新技术和新方法，21 世纪是生物科学取得突破性成就的时代，应加强现代生物技术在草育种上应用的研究，促使草育种工作研究取得一些突破性进展。

4. 科学规划，遏制草种资源丧失趋势

优先保护重要种质资源，有效遏制草生物多样性的丧失。同时，制定和完善草种质资源保存的技术规范与标准，进一步完善、维护草种质资源保护管理体系，为全社会提供丰富的种质信息，实现草种质资源的信息共享，促进技术资源与实物资源的互惠共享。

5. 建立草种资源评价和鉴定体系，促进新品种选育

建立主要草种资源遗传多样性分析的植物形态学、细胞遗传学和分子生物学等方面的评价技术体系以及涉及品质、抗逆性和抗病虫性等重要农艺性状的鉴定技术体系。筛选分离优异基因，应用于新品种选育研究，为育种家和农业生产提供优异种质材料。

参考文献

［1］David Allen Sleper，John Milton Poehlman.Breeding Field Crops［M］. Iowa：Blackwell Publishing，2006.
［2］云锦凤. 牧草及饲料作物育种学［M］. 北京：中国农业出版社，2001.
［3］黄大昉. 什么是转基因［N］. 人民日报，2011-10-17.
［4］洪绂曾. 中国草业史［M］. 北京：中国农业出版社，2011.
［5］D. M. 鲍尔，C. S. 郝福兰，G. D. 莱斯费尔德. 南方牧草［M］. 北京：中国农业出版社，2011.
［6］《遍洒绿荫——叶培忠纪念文集》编委会. 遍洒绿荫——叶培忠纪念文集［M］. 北京：中国林业出版社，

2010.
[7] 全国牧草品种审定委员会. 中国牧草登记品种集（修订版）[M]. 北京：中国农业大学出版社，1999.
[8] 全国草品种审定委员会. 中国审定登记草品种集 [M]. 北京：中国农业出版社，2008.
[9] 苏加楷，张文淑. 牧草良种引种指导 [M]. 北京：金盾出版社，2007.
[10] 马金星，张吉宇，单丽燕，贠旭疆. 中国草品种审定登记工作进展 [J]. 甘肃：草业学报，2011，20（1）：206–213.
[11] 李聪. 饲用植物改良的分子遗传操作 [M]. 北京：中国农业科技导报，2003.
[12] B.D.Mckersie，D.C.W.Brown.Biotechnology and the Improvement of Forage Legumes [M] . UK：Cambridge University Press，1997.
[13] 阎贵兴. 中国草地饲用植物染色体研究 [M]. 呼和浩特：内蒙古人民出版社，2001.
[14] 宛涛. 内蒙古草地现代植物花粉形态 [M]. 北京：中国农业出版社，1999.
[15] 于林清，云锦凤. 中国牧草育种研究进展 [J]. 中国草地，2005，27（3）：61–64.
[16] Yuqing Lu，Cong Li*，Hai Wang，Hao Chen2，Howard Berg and Yiji Xia*.AtPPR2，an Arabidopsis pentatricopeptide repeat protein，binds to plastid 23S rRNA and plays an important role in the first mitotic division during gametogenesis and in cell proliferation during embryogenesis [J] .The Plant Journal，2011（67）：13–25.
[17] Nevin D.Young1*，Frederic Debelle*，Giles E.D.Oldroyd*，et.al，The Medicago genome provides insight into the evolution of rhizobial symbioses [J] .Nature，2012，480（7378）：520–524.
[18] 张天真. 作物育种学总论 [M]. 北京：中国农业出版社，2003.

撰稿人：李　聪　云锦凤　孟　林　王　赞

饲草栽培

一、引言

（一）学科概述

饲草（forage）是可为动物提供饲料或收获后用作饲料的植物可食部分，不包括脱离的籽实[1]。我国草业界传统上将饲草分为“牧草”和“饲料作物”两个部分，因此存在“牧草栽培学”、“牧草与饲料作物栽培学”、“饲草栽培学”等学科名称。鉴于牧草和饲料作物在本质上是一样的，目前学术界趋于将两者统称为饲草，故相应的学科名称为饲草栽培学。

饲草栽培学是草业科学中最基本和最重要的组成部分，饲草栽培学的研究和应用对于提高饲草作物的产量和饲用品质、促进畜牧业健康发展具有重要意义，同时对农业生态系统的保育和景观美化也具有重要作用。饲草栽培学研究的任务是揭示饲草生长发育规律和生态适应规律，探索产量和品质形成机制及其与自然环境和管理条件的关系，为饲草的高产、优质、高效栽培提供基本理论与技术措施。饲草栽培学是一门应用性强的综合性学科，它以植物学、植物生理学、植物生态学、土壤与肥料科学、农业气象学等学科的相关理论和研究成果为基础，综合运用这些学科的研究成果，并根据饲草有别于一般农作物的特点（多为多年生植物，以营养体而非籽实为主要产品，以满足动物营养需要为生产目标），提供饲草栽培的理论与技术。

原始的饲草栽培技术产生于人类最初的农业生产活动，已有数千年历史。然而现代意义上的饲草栽培学形成距今只有半个多世纪的历史。19 世纪末 20 世纪初以后，植物生理学、植物营养学和植物生态学的发展，为人们深入揭示植物、环境、栽培措施之间的关系提供了可能，使饲草栽培技术的研究逐步由经验阶段提高到理论阶段，并开始致力于应用现代科学探索上述三者关系中的规律性和相应的调控技术。最近几十年来，随着研究的深入与分化，原有研究植物生产技术的农艺学（Agronomy）逐渐分化，分别形成专门研究植物栽培、育种、营养、生理和生态等的独立学科。目前，饲草栽培学的研究着重于三个方面，即饲草生长发育与产品形成规律、饲草与环境关系、饲草栽培管理技术，研究的重点是饲草产量构成因素、所需环境条件和相应的管理调控措施，以求充分发挥饲草的生产潜力，获得预期的产品数量和质量。随着不同学科的相互渗透，现代信息技术、计算机模型、自动化诊断、自动化监测等新技术的应用以及对生态环境和可持续发展的关注，饲草栽培学的研究内容和手段也在发生新的变化。

（二）学科发展历史回顾

1. 古代牧草栽培知识

中国作为文明古国，饲草栽培有着悠久的历史，但主要是一些经验的积累和朴素的知识总结。以当前全世界最主要的饲草作物苜蓿为例，其在中国已有2000多年的栽培历史[2-3]。北魏贾思勰《齐民要术》中称绿肥轮作为"美田之法"，《汉书·西域传》中就有"罽宾地平，温和，有苜蓿"的记载。公元前138年和119年，汉使张骞2次出使西域，在带回了良种马的同时，也带回了苜蓿种子，在西安一带种植，以后逐渐扩大到北方各地。17世纪无名氏所著《法天新意》一书中已有"豆有花，犁翻豆种入地，胜如用粪，麦苗易茂"的记载，这说明我国那时已经掌握豆科牧草应在花期收获，而且能提高土壤肥力的知识。

2. 近代牧草栽培学发展

1840年前后，一些欧洲人开始对我国北方地区的牧草资源进行调查，主要从植物学的角度开展研究。1875年，比利时传教士马修德将红三叶由其本土引入湖北省巴东县与建始县交界的细沙河天主教教堂附近种植，作为养马饲草，有"养马草"之称，这是中国近代最早的牧草引进行为。1897年，《农学报》在上海创刊。该报先后发表了《紫云英栽培法》、《苜蓿说》、《谈栽培苜蓿之有利》、《间作豆科绿肥之利益》、《论种苜蓿之利》等文章，率先提倡种植牧草，并阐述栽培牧草之意义。由此，国外优良牧草陆续被有识之士引入中国。1908年，日本人大岛义昌在任关东都督之际，将苜蓿引到大连民政署广场附近种植。20世纪初期的20年间，日本人先后引种三叶草、草木樨、燕麦草、猫尾草等在铁岭、公主岭、辽阳等地进行栽培试验。

20世纪30年代，中央农业实验所和中央林业实验所从美国引进多份豆科和禾本科牧草种子，主要有紫花苜蓿、红三叶、杂三叶、绛三叶、百脉根、胡枝子、野豌豆、多花黑麦草、多年生黑麦草和苏丹草，在南京进行引种试验。1933—1939年，新疆从苏联引进猫尾草、红三叶、紫花苜蓿等分别在乌鲁木齐南山种羊场、伊犁、塔城等地试种。1940年，成都华西大学丁克生等曾在云南试种从缅甸引进的象草。1944年，美国副总统华莱士来中国访问，在兰州将种抗旱性能较强的牧草种子交给当时甘肃省建设厅。1944年，联合国救济总署援助中国21个品种的牧草种子，总重量达15吨，分配给全国78个农业试验站、畜牧试验站和教育机构，供栽培试验之用。

1942—1948年，任教于西北农学院的王栋教授开展了大量的饲草栽培试验。他的试验研究涵盖饲草生长发育观测，饲草种子发芽试验，饲草茎、叶、花、果实各部分比例及其与环境条件、生长阶段的关系，苜蓿刈割收获次数和刈割高度与产量的关系以及苜蓿年际和年内产量动态等。在此期间，叶培忠在甘肃天水、吴青年在东北地区均进行了大量的牧草引种和栽培试验。在饲草栽培相关研究工作进行的同时，我国部分高等院校在 20 世纪 30 年代末期开设了饲草（牧草）栽培的课程。棉花专家孙逢吉教授早在 30 年代末就在浙江大学开设了牧草学课程；1942 年王栋教授在西北农学院（现西北农林大学）开设牧草学，此后多次在中央大学讲授牧草学。与此同时，蒋彦士教授在北京大学、孙醒东教授在河北农学院（现河北农业大学）也开设了牧草学课程。

3. 现代饲草栽培学发展

1952 年全国高等学校院系调整后，各农业院校的畜牧专业普遍开设饲料生产学，部分院校开设了牧草栽培学，并开展了牧草引种、栽培试验研究。任继周教授（1950 年）在西北畜牧兽医学院（现甘肃农业大学）、叶培忠教授和吴仁润教授（1952 年）在武汉大学分别开设牧草栽培学和牧草分类学课程。王栋教授编著的《牧草学通论》、《牧草学各论》（1956 年）和孙醒东教授编著的《重要牧草栽培》（1954）是我国最早出版的牧草栽培学专著，也是我国饲草栽培学的奠基之作。在此期间，高等教育部还组织翻译出版了一些前苏联教材以供教学参考使用。

尽管受到"文化大革命"和"以粮为纲"政策的影响，我国饲草栽培学的学科建设仍然取得较大进展。从 20 世纪 50 年代末期至 70 年代末期，内蒙古农牧学院（现内蒙古农业大学）（1958 年）、甘肃农业大学（1964 年）、新疆八一农学院（现新疆农业大学）（1965 年）等院校相继成立草原专业，牧草栽培学是其中最基本的课程之一。20 世纪 70 年代以来，全国很多涉农院校先后成立草原系、草业科学系或草业学院，且大多设有饲草栽培学教研室，从而使本学科的教学、科研体系更趋完善。

20 世纪 70 年代末、80 年代初，我国迎来了"科学的春天"，牧草科学研究与教学也进入发展的"黄金期"。此时，除了牧草引种、牧草品种区划、丰产栽培等传统的牧草学试验研究之外，牧草栽培学开始进一步重视草地农业系统、草产品生产、"三元种植结构"、农业生态环境保护等领域的饲草栽培理论与技术研发。同时，南方热带、亚热带地区优越的水热条件和丰富的牧草资源得到学术界更多认识，南方地区的牧草种植技术和栽培管理研究得到空前发展，南方各省的农业院校、农业科研机构也相继建立了饲草栽培学的研究和教学体系。1982 年，郎业广在"第二次全国草原学会学术论证会"上提交了《论中国草业科学》的论文，最早提出草业一词。草业科学理论的不断发展和完善，为我国草产业的兴起奠定了基础，也为现代饲草栽培学赋予了更丰富的内容和更重要的意义。

21 世纪以来，由于国家先后实施了一系列有关农业结构调整和生态环境建设的重大工程项目，加上畜产品消费市场的持续、快速增长，农业种植业的"三元结构"不断发展，全国牧草种植面积空前增加。特别是以苜蓿、羊草为代表的商品草产品产业化开发对优质、高产饲草栽培技术的需求，有力地促进了饲草栽培学的研究与技术开发。"七五"

以来的国家科技支撑（攻关）计划、“973 计划”、“863 计划”、“948 计划”以及国家自然科学基金等，给牧草科研项目的支持不断加强，对饲草栽培学研究与技术进步产生了巨大的推动作用。

二、饲草栽培学现状与进展

（一）饲草生长发育及其与环境的关系

饲草生长发育规律及其与环境的关系是长期以来饲草栽培学研究的基本内容。饲草生长发育一般分为种子萌发、营养生长阶段和生殖生长三个阶段。近年来国内研究者在饲草的生长发育规律及相关的生理生态学研究方面取得了一些新的研究进展。

许多优质饲草的种子存在发芽率偏低、硬实、休眠等问题，这限制了饲草种子的利用率和部分地区大面积人工种植的效果。针对以上问题，以往使用较多的是变温处理、机械处理、清水浸泡、化学药水浸泡等较简单的方法。最近几年，草业工作者们结合国内外经验，研究了其他高效、便捷的饲草种子处理技术。霍平慧等（2011）[5]发现，使用硅胶干燥法超干处理的苜蓿种子比同等温度下未超干处理种子的发芽率、发芽势和活力指数、可溶性糖含量、抗坏血酸过氧化物酶活性均有显著提高。陈臻等（2013）[6]发现长枝木霉对牧草种子的发芽率、幼苗根长、芽长及干重均有明显的促进作用。而孔令琪等（2011）研究认为高温、高湿条件下人工老化处理的苜蓿种子发芽率、电导率均有所提高，老化增加了细胞膜透性，具有解除硬实的效果。刘慧霞等（2008）[7]研究了水引发处理对牧草种子萌发的影响，他们通过缓慢加水的方法人为控制种子的吸水速度和吸水量，结果证明正确的水引发可显著提高种子发芽指数。他们认为这是由于水引发有利于种子生物膜的修复，调动了保护酶的活性从而提高种子活性。相比于化学药物引发，水引发技术为饲草生产者提供了一种成本低廉、操作简单的种子前处理技术。在干旱地区提前使用少量水对饲草种子进行操作，可以大量节省传统方法播后灌溉用水。也有学者使用外源激素对苜蓿种子进行处理（刘建利，2010），结果证明一定浓度的赤霉素、乙烯利、吲哚乙酸和6–苄氨基嘌呤均能促进种子的发芽，而脱落酸则会抑制发芽[8]。

在干旱和半干旱地区，水分不足是限制饲草作物推广和生产的重要因素。我国学者从生理角度对饲草抗旱性进行了许多研究。李向林等（2007）研究了半干旱地区紫花苜蓿及老芒麦集雨栽培的水分及其增产效应[9–10]。单长卷等（2011）的研究表明，干旱胁迫激发了冰草叶片中抗坏血酸防御系统，使保护酶活性上升，从而缓解干旱对植物的伤害[11]。徐丽君等（2010）的研究结果表明，抗旱的敖汉苜蓿产草量与脯氨酸、过氧化氢酶含量显著正相关，与电导率显著负相关[12]。王艳慧等（2008）研究了水分胁迫下抗旱性不同的胶质苜蓿苗期生理生化特征的变化，研究结果表明，抗旱性强的材料脯氨酸、可溶性糖含量积累强度大于抗旱性弱的材料。刘慧霞等（2011）的研究结果表明，添加外源硅提高了紫花苜蓿遭受水分胁迫时的抗氧化能力，减轻了水分亏缺的伤害程度[13]。何伟等（2013）的研究表明 PEG 胁迫导致红三叶叶片相对含水量下降、细胞膜透性增大、MDA 含量上升、脯氨酸含量增加而 SOD 活性下降[14]。

北方高纬度、高海拔地区饲草越冬问题是制约当地饲草地建植和草地可持续利用的关键问题。而黄淮海和长江中下游夏季高温常伴随着干旱，各种病害的发生使饲草抗性下降、生长势减弱，从而导致产量降低，品质劣化。饲草抗寒、抗高温性研究一直都是专家们感兴趣的研究领域。万里强、李向林等（2010）研究了环境胁迫下不同黑麦草品种的生理生化响应[15]。崔国文（2009）的结果表明，在持续低温期间，能以最少的可溶性糖消耗抵抗寒冷的品种具有较强的抗寒能力；随着气温降低，游离脯氨酸含量能持续增加时间较长的品种有较强的抗寒性；随着气温的回升，可溶性蛋白质含量下降速度较缓慢的品种抗寒性强[16]。孔令慧、赵桂琴（2013）等研究发现，随着低温胁迫时间的延长，红三叶叶片含水量、叶绿素含量与对照相比呈逐渐下降趋势，而叶片膜相对透性、丙二醛含量、游离脯氨酸含量、过氧化物歧化酶活性、过氧化物酶活性、过氧化氢酶活性均呈上升趋势，且品种间差异显著[17]。

绝大部分饲草适宜生长在中性土壤环境中。但是我国有着面积相当可观的盐碱化和酸性土壤，如何合理选择抗酸碱、盐渍化逆境的饲草品种是扩大饲草种植面积、发展畜牧业面临的重要问题。李剑锋等（2009）研究了酸环境和亚铁离子胁迫对紫花苜蓿幼苗生理特性指标的影响[18]，结果表明在 pH=4.5 的酸度环境下，如果能控制土壤水分条件，使 Fe^{2+} 有效浓度维持在 10 ~ 50mg/kg 范围内，Fe^{2+} 不会造成毒害，还可充分发挥环境有效铁的肥效作用，为酸性富铁地域的苜蓿栽培提供了技术依据。高文俊等（2009）在温室条件下用不同浓度的碳酸钠和碳酸氢钠对冰草进行胁迫[19]，结果表明碳酸钠对冰草的伤害较碳酸氢钠严重，在碳酸钠和碳酸氢钠浓度为 60mmol/L 以下时，适度的碱胁迫对冰草生长有促进作用，之后就会显著的抑制冰草生长。范方等（2013）研究结果表明，盐胁迫下紫花苜蓿叶片光合作用受到抑制，进而影响地上部分生物量。低盐胁迫后期，苜蓿叶片的光合作用有恢复现象，表现出其具有一定的耐盐性[20]。

王成章等（2009）研究比较了温带地区不同秋眠级的苜蓿品种的生长发育特点和产量特征[21]。种植密度是影响苜蓿生长发育的重要原因之一。王钊（2008）研究发现，低密度种植的草原 3 号杂花苜蓿开花早，植株较矮，单位面积上枝条数少，基部茎粗、单株分枝数、花序数 / 枝、荚果数 / 序、种子数 / 荚、千粒重均要比高密度种植大[22]。郑敏娜、李向林等（2009）研究了亚热带地区暖季型禾草对水分胁迫的生理响应[23]。崔秀妹等（2013）研究表明，干旱降低了扁蓿豆的光合能力、生长特性和饲草产量品质，适宜浓度的水杨酸可以改善水分胁迫下初花期扁蓿豆光合作用，提高其干物质产量和饲草品质[24]。李微（2008）研究了中药 – 壳聚糖复合型种衣剂包衣对玉米生长发育的效用[25]，发现中药 – 壳聚糖复合型种衣剂包衣能提高玉米种子活力，促进玉米生长发育，增产效果明显，玉米籽粒营养品质也得到改善；由于种衣剂中的中药成分和成膜剂壳聚糖都是对环境无污染的生物制剂，因此可以作为生态农业的辅助措施加以应用。中药种衣剂处理的豆苗明显粗壮，在苗期发育中，起到了抑制株高、促进壮根、增加茎粗及促进根系生长的作用，从而达到了壮苗的目的。张文洁等（2013）研究了3种不同栽培措施对不同饲草品种的饲草产量和品质的影响，结果表明覆秸秆和添加保水剂处理可以显著提高饲草产量，改善饲草品质[26]。

（二）饲草种植技术

我国较为重视草种选择，各地主栽草种渐趋明确；主栽草种的品种筛选亦受到较多关注，尽管许多地区尚无定论。中国农业大学草地研究所孙洪仁（2009）开展了“中国栽培草种区划研究”[27]，主要进展有四，一是将一二年生草种纳入区划范畴；二是依据应用方向将草种划分为人工草地、草原改良和生态建设3类；三是区域划分以水热条件为基本依据，辅以地形地貌特征，区域命名因之增加了水热条件限定；四是依据水热条件将原“西南栽培区”中的四川盆地部分分离出来，单列为“四川盆地亚热湿润区”，将原“内蒙古高原栽培区”的内蒙古东部4个盟、市划归“东北寒冷半湿润区”，将原“内蒙古高原栽培区”的内蒙古西部的阿拉善盟和甘肃省河西走廊地区划归“西北寒冷荒漠区”。重庆市畜牧科学院张健等（2009）开展了三峡库区牧草种植区划研究，将三峡库区划分为3个牧草种植类型区，并提出了相应的主推草种[28]。中国农业大学草地研究所孙洪仁（2009）提出了草种选择的5项原则，即适应当地生态环境、改善当地种植制度、生产效率高、经济效益高和生态价值高[29]。

我国对牧草播种技术研究不够，现有研究较为零散且浅尝辄止，既不系统又不深入。开展牧草种子包衣和豆科牧草根瘤菌剂研发的科研单位和企业很少，生产实践中应用比例极低。中国农业科学院北京畜牧兽医研究所杨青川团队（2007）开展了中苜1号紫花苜蓿高效共生根瘤菌的筛选，筛选出高效菌株1株[30]。石河子大学孙杰团队（2009）开展了新疆耐盐高效苜蓿根瘤菌的分离和筛选，从采自14个地、州的132份土样中分离、纯化得到苜蓿根瘤菌株81株，筛选出高效菌株1株[31]。李成云等（2013）进行了牧草种子包衣材料的筛选，结果表明，蛭石+滑石粉、PVA作为包衣材料可以改善牧草种子的发芽特性，包衣倍数为3倍、5倍、7倍时可提高红三叶和高羊茅种子的发芽率[32]。

播种期选择、播种深度确定、播种方式选用、苗期杂草控制等环节的理论和技术的不够成熟和完善，导致生产实践中草地建植成功率尚不能达到100%。中国农科院草原研究所孙启忠等（2008）开展了科尔沁沙地苜蓿播种技术研究。结果表明，6月上旬之前为安全越冬播种期；播种前土壤深耕（28 ~ 30cm）优于浅耕（12 ~ 15cm）和中深耕（20 ~ 22cm），中深耕优于浅耕；犁沟（15cm）干埋等雨播种优于平作雨后播种；播种量以11 ~ 19kg/km^{2}为宜[33]。中国科学院东北地理与农业生态研究所王占哲等（2008）开展了黑龙江省中温带黑土区紫花苜蓿播种技术研究，结果表明，7月份播种优于8月中旬，行距15cm平作优于行距30cm平作和行距60cm垄作[34]。宁夏草原工作站赵萍等（2010）开展了半干旱地区苜蓿旱作播种技术研究，结果表明，播种方式条播优于撒播，播种深度2cm优于3.5cm和5cm，播种量20kg/km^{2}优于 12kg/km^2 和 27kg/km^2[35]。甘肃农业大学草业学院杜文华团队（2009）进行了岷山红三叶保护播种试验，结果表明，冬小麦降低了岷山红三叶播种当年产草量，对第2年没有影响，但以冬小麦作为保护作物，播种当年经济效益高出非保护播种2倍以上[36]。内蒙古农业大学生态环境学院贾鲜艳等（2012）进行了不同播期及密度对草原3号苜蓿生长发育影响的试验，研究结果表明：播种密度越大，播期越晚，苜蓿生长越缓慢，越冬率越低。7月初播种，越冬率可达100%，8月中旬以后播种，越冬率为0。同时，早播有利于第二年的返青生长。40cm 行距条播时播种密度以100苗/m为宜[37]。中国农业大学草地研究所孙洪仁（2010）对紫花苜蓿播种期选择进行了较为系统全面的阐述[38]。

（三）饲草养分与水分管理

近10年来，我国开始重视牧草施肥，开展了一些试验研究，但由于对施肥理论系统研讨不够，因而许多施肥试验设计及依据试验结果提出的施肥建议值得商榷。近年主要进展有三,一是紫花苜蓿土壤养分丰缺指标研究开始起步，二是“3414”试验设计引入若干牧草施肥研究，三是一些科研团队的研究结果为一些地区的牧草推荐施肥提供了较为有价值的试验依据。

中国农业大学草地研究所孙洪仁团队（2010，2011）自2010年开始选取5个地块土壤，采用盆栽试验法初步探讨了河北省坝上地区紫花苜蓿土壤速效磷、钾、铁、锰和锌的丰缺指标[39-40]，并采用田间试验法系统研究了河北沧州黄骅市紫花苜蓿土壤速效磷、钾的丰缺指标，在总结全国苜蓿施肥试验结果的基础上，首次提出了“中国苜蓿土壤速效磷、速效钾丰缺指标及推荐施肥量（初稿）”。中国农业科学院北京畜牧兽医研究所李向林（2013）团队研究发现施氮肥可以显著提高苜蓿第1年的产量，苜蓿产量从 2.90t/hm^2 提高至 3.16t/hm^2，磷肥和钾肥处理下敖汉苜蓿的产量差异显著，但钾肥施入量对苜蓿产量的效果则没有氮肥与磷肥明显[41]。

国内研究者在不同环境条件下对饲草的施肥效应进行了广泛研究。例如云南省玉溪农业职业技术学院宋云华等（2008）在云南玉溪采用“3414”试验设计研究了紫花苜蓿氮、磷、钾适宜施肥量[42]；华中农业大学资源与环境学院鲁剑巍团队（2009）在湖北黄陂采用“3414”试验设计研究了氮、磷、钾肥用量对紫云英产草量的影响[43]；新疆畜牧科学院草业研究所李学森团队（2010）在新疆伊犁采用“3414”试验设计研究了氮磷钾配施对混播草地产草量和牧草品质的影响[44]；河南农业大学资源与环境学院介晓磊团队（2009）在河南郑州进行了氮、磷、钾对紫花苜蓿产草量影响的研究[45]；华中农业大学资源与环境学院鲁剑巍团队在2011年研究了施肥对一年生黑麦草“特高”的产草量及营养品质的影响，并运用概略养分分析法评价了其饲用营养价值，结果表明，施肥显著提高了黑麦草磷、钙、粗蛋白和粗脂肪含量，降低了无氮浸出物含量[46]。

近十年来，我国开始重视牧草灌溉，开展了一些试验研究，在紫花苜蓿耗水规律研究取得进展[47]，一些科研团队的研究结果为一些地区的牧草灌溉提供了较为有价值的试验依据。Hao Wang 等（2009）研究表明，单次灌溉可以显著提高北方农牧交错带老芒麦的产量和水分利用效率[48]。水利部牧区水利科学研究所通过对联合国“2817 项目”春小麦和苜蓿灌溉试验数据进行分析比较，初步确定苜蓿刈割 3 茬灌溉定额为 849mm，灌水次数为 15 次，第 1 茬第 1 水灌水定额在 60mm，第 2、3 茬第 1 水灌水定额为 67mm，其他水灌水定额在 40 ~ 60mm[49]。新疆草地资源与生态重点实验室新疆农业大学草业与环境科学学院孟季蒙和李卫军的研究（2012）表明，在田间相对持水量 65% ~ 80% 时，苜蓿根部干物质积累量最高，种子产量最高，极显著高于对照的种子产量。说明地下滴灌应用于苜蓿种子生产，能够起到增产效果[50]。但总体而言，我国在饲草灌溉的相关理论和技术措施方面的研究十分欠缺。

（四）饲草混播、间作、草田轮作及种植模式

近年来，随着畜牧业的发展，农区种草迅速回升，南方逐步形成杜花草、一年生黑麦草为主的种草模式，北方呈现紫花苜蓿、青刈黑麦草及沙打旺为主的种草模式。苜蓿在我国栽培历史最悠久、应用最广泛。目前，苜蓿成为我国发展可持续农业的首选饲料作物，苜蓿与作物轮作模式与效应的研究主要集中在草粮轮作对苜蓿草地土壤干层水分的恢复[51]以及苜蓿与其他作物轮作对后茬产量的影响[52]等方面。多花黑麦草适宜于南方冷季生长，我国南方稻作地区冬闲田种植黑麦草的研究与实践取得很大进展，已形成了水稻 - 多花黑麦草 - 水稻的草田轮作种植模式[53]。西北农林科技大学的韩丽娜（2012）针对黄土高原地区干旱少雨、长期种植苜蓿而导致的土壤水分亏缺以及旱地土壤贫瘠引起的减产现象，研究了苜蓿地轮作为农田后农作物各时期的土壤水分、土壤养分、农作物生物学特性及作物产量，其研究结果表明，草田轮作方式能够缓解苜蓿草地的水分过耗状况，起到土壤水分恢复作用，另外，相比连作农田，草田轮作可以增加土壤氮素和有机质，并具有明显的增产效果[54]。

间作是我国农业精耕细作传统的一个组成部分。近几年，相关研究主要包括草粮间作对光合作用的影响[55]、草粮间作对土壤结构及肥力因素的改善[56]、草粮间作的产量互补效应[57]、牧草与不同禾本科作物间作群体土壤含水量的时空变化[58]、牧草与不同植物间作群体抗病性[59]等方面。随着间作系统生理生态效应逐渐被揭示，草田间作必将发挥其潜在作用。牧草与其他作物的间作可以充分利用光、热、水、土和养分资源，同时减少病、虫、杂草等的发生，达到提高经济效益和生态效益的目的。

三、本学科与国内外同类学科比较

几十年来，我国的饲草栽培学紧紧围绕饲草生产的主题，针对不同的自然和生产条件

及复杂的农业耕作制度，开展不同饲草作物的栽培技术问题。在将国外有关饲草产量形成机理的研究成果与我国生产实际相结合的过程中，我国逐步形成了中国特色的栽培理论体系的框架，明确了饲草栽培学是研究饲草作物高产形成规律及其调控的应用科学，形成了区别于其他学科而对栽培具有普遍指导意义的作物栽培理论和技术体系。

综观西方国家，大多数并没有设立专门的饲草栽培学，其相关的教学与研究内容一般都在作物科学（Crop Science）或农艺学（Agronomy）之中。尽管存在学科框架和门类上的差异，但国内外在相关领域研究的具体问题则是相似的。发达国家的饲草栽培科学融于农学学科并与之同步发展，传统上其学科研究的核心是饲草品种、土地利用与整理、栽培技术和机械化生产[4]。正确选择高产、高抗、优质的优良牧草品种以获得最大经济效益是其学科研究的重点，同时注重饲草与作物轮作在土地利用、培肥改良与可持续农业中的地位，将饲草与其他作物同等对待，精细化种植管理，并开发了许多实用有效的栽培管理精简技术，进行技术推广与普及。

进入 21 世纪以来，世界饲草科学与技术发展形势发生了巨大变化，生物技术和信息技术向草业科学领域不断渗透与转移，高新技术与传统技术相结合促进了草业科学与技术的迅速发展。发达国家通过生物技术和信息技术创新应用，推动了饲草生产向优质、高效、无污染方向发展，显著提高了饲草生产的可控程度和草产品的市场竞争力。国际上以现代技术应用为特色的精准定量技术发展迅速，饲草栽培的定量化、精确化、数字化技术已成为饲草生产和栽培科技发展的新方向，以资源节约为重点的简化高效栽培技术创新与应用成为现代农业发展的主要方向，以植物生理高效机制为突破口的栽培理论与技术发展不断深入，植物生理学与环境生态学研究相结合在栽培学中发挥了重要作用。另外，以光合碳代谢为中心的光合性能、源库生理和产量构成研究为高产栽培奠定了理论基础，作物营养生理研究促进了作物施肥技术进步，环境生理生态研究促进了植物抗逆高产栽培的技术创新。

经过半个多世纪的发展，我国牧草栽培学科发展的理论基础即牧草饲料作物生长发育特性及其对栽培条件反应的规律性和产量形成的规律性在进一步完善，在此基础上形成了植物分类、植物生理生态、植物营养、杂草和病虫害的防治、牧草育种、家畜饲养以及田间试验设计和数理统计分析等多学科相互交叉、结合的综合栽培理论和技术，且具有独特的实践技术和研究方法，成为一门独立的、实践性很强的应用科学。我国牧草栽培学科不仅直接服务于畜牧业，还在农业生产和环境治理与保护中发挥了重要的作用。我国饲草栽培学研究取得了一些重要的成果，如豆科牧草种子丸衣化接种根瘤菌技术、亚热带人工草地栽培管理技术、农区冬闲田饲草栽培技术、幼龄果园饲草栽培技术、饲草栽培区划、北方饲草旱作栽培技术、盐碱地碱茅栽培技术、饲草飞机播种技术等。

近年来，我国饲草科学与技术发展以高产、优质、高效、抗逆、生态为目标，以品种改良和栽培技术创新为突破口，促进了传统技术的跨越升级，推动了现代草业的可持续发展。但与世界科技发达国家相比，我国饲草栽培学还有相当大的差距，主要表现在：

1）栽培理论与技术的体系薄弱。虽然我国饲草栽培学科体系比较完善，但在理论与技术的配套上还比较薄弱，与发达国家相比相关理论与技术的科学性和先进性还有差距。

2）饲草栽培的科技创新不足。目前，我国饲草栽培学既有从一般作物栽培学移植的内容，也有在传统种植技术基础上继承与集成组装的内容，而原创性的关键技术相对缺乏，技术更新换代不明显。

3）现代高新技术在饲草生产与栽培技术上的创造性应用不足，饲草生产信息化和数字化技术水平与发达国家有较大差距。

4）高产、优质、抗逆、抗病虫的多目标饲草生产技术没有新的突破，大面积中低产区的抗逆、高产、高效栽培技术有待进一步研发。

四、展望与对策

（一）问题与挑战

我国现代的饲草栽培学（或早期的牧草栽培学）作为草业科学分支中形成最早、与生产实践最为贴近的学科之一，在 80 年的发展过程中，已经形成了独具中国特色的理论和技术体系，为我国草业发展作出了重要贡献。我国饲草栽培学家对具有不同生物学和生态学特性的多种牧草进行了研究，揭示了不同饲草的生长发育规律和适应规律，建立了不同生态区域、不同农业系统、不同管理条件下的饲草栽培技术。但是，我国饲草栽培学也存在一些自身的问题，面临一些重要的挑战。

1. 学科认识不足

作物栽培学是一个传统学科，也是一门应用学科。培育高产作物品种依靠育种，但真正挖掘作物高产潜力仍然需要依靠栽培技术。近年来，我国育成了不少饲草新品种，不少性状得到改善，而且每年通过审定的新品种数量越来越多，但许多新品种的产量潜力没有得到发挥，在生产实践中很少推广。究其原因，除了某些新品种本身的问题之外，栽培学研究的缺乏是主要原因。反观一些早期育成的品种，仍然在生产中发挥着重要的作用，其部分原因是这些品种经过了充分的试验研究，形成了较完善的栽培技术。另外，有些新品种在重要性状上没有实质性的突破，即使有一些高产的实例，但大部分是通过揭示品种本质特性、改进栽培技术而实现的。在科研计划与课题的设置上，忽视栽培，甚至将栽培从属于育种等学科，不仅挫伤栽培学工作者的积极性，也束缚其思维空间，致使创造性的栽培学研究思路被泯灭。

2. 学科建设薄弱

饲草栽培学是综合性较强、注重生产实践的学科，需要从事大量的田间工作，工作环境艰苦，加上课题申请难度较大，在影响因子高的期刊发表论文相较遗传育种等学科困难，因而导致部分从事栽培学研究的人员流失，或转向温室盆栽和分子研究。虽然不少人呼吁“把论文写在大地上”，但是饲草栽培学的发展仍然相对滞后，研究与生产实践脱节的现象比较严重。另一方面，现代科学技术日新月异，作为草业科学中历史最悠久、最经典、在饲草生产中发挥巨大作用的传统饲草栽培学也面临着巨大的挑战。随着新的科学技术向农业领域的不断渗透，新的农业技术革命方兴未艾。新化学物质的合成、新型生产资料的发明和利用、计算机和信息技术的普及应用等，为饲草栽培研究提供了新的方法和手段，必将成为饲草栽培学研究中十分活跃的领域。饲草栽培学要想取得创新性发展，就必须充分吸收其他学科的先进技术和研究成果，加快本学科自身的建设。

3. 研究任务艰巨

无论是与西方国家的饲草栽培学相比，还是与国内的作物栽培学相比，我国饲草栽培学的研究任务要艰巨很多。西方国家用于饲草生产的土地与用于其他作物的土地没有大的差别，而我国由于人口压力，粮食安全始终被置于头等重要的地位，因此气候、土壤、水分条件好的土地，基本都被用于粮食或经济作物生产，而用于饲草生产的土地大多气候寒冷或干旱，土壤瘠薄或盐碱化程度高，植物生长的自然条件比较恶劣。另外，国家对粮食生产有许多优惠政策，而饲草生产则没有；国家对育种等学科的科研投入较大，而饲草栽培课题则很难立项。在此情况下，要想提高饲草生产水平，我国的饲草栽培学研究任务就更加艰巨，技术进步的难度就更大。这对我国的饲草栽培学研究是一个巨大的挑战，需要根据我国的具体国情，建立自己的饲草栽培学理论，并在栽培技术措施上有所创新。

（二）发展对策

随着我国草产业的兴起和草业科学的发展，饲草栽培学不但要与草业生产发展的水平相适应，而且要具有前瞻性，为草业将来的进一步发展做好科学技术储备。这不仅是本学科发展的需要，也是我国社会经济发展的需要。

1. 加强作物栽培学科队伍建设

应该从思想上充分认识到饲草栽培学在草业科学技术发展中所处的重要地位，认识饲草栽培学对实现饲草优良品种生产潜力所不可替代的作用和贡献，认识饲草栽培学对优质草产品生产以及优质畜牧业发展的重要意义。良种培育固然重要，是饲草增产的内因，但良种基因潜力的充分表达必须依靠正确的栽培技术。此外，需要切实提高饲草栽培学专业人员的学术和知识水平，增强自身能力建设。饲草栽培学涉及的知识面很广，既要以基础学科的理论为指导，又要对生产实际有充分的了解，解决饲草生产中的相关技术问题。因此，从事饲草栽培学研究的人员既要有较高的科研素质，又必须具备较高的综合知识和实践能力。

2. 重视对饲草栽培学的科研投入

与草业科学其他分支相比，栽培研究课题的经费投入普遍不足，与现阶段及未来草业产业发展的要求很不协调。在学科发展指导方面，应全面认识饲草栽培学地位，不能将其等同于基层的技术推广。在研究课题设置方面，应强化政策支持，增加投入，从基础研究、应用研究、技术研发、综合配套与技术示范多个方面进行扶持。只有这样，才能发挥饲草栽培学研究对优质高产饲草生产的应有作用。

3. 加强与学科的交叉与综合

饲草栽培学以揭示饲草生长发育规律，实现饲草优质、高产、抗逆特性为己任，具有很强的综合性。饲草栽培学的理论和技术突破，仅仅依靠本学科专业人员的研发是不够的，必须有多学科广泛协作。饲草栽培学研究人员需要主动加强与饲草育种、土壤与肥料、生理、植物营养、水力、信息技术等学科的交流与渗透，组织多学科、多部门的跨学科研究。

4. 积极扩大国际交流与国内协作

要积极学习与引进国外先进经验和技术，通过消化吸收进行再次创新，研发适合我国基本国情的饲草栽培理论与技术。另外，饲草栽培学有较强的地域性、时空性，因此需要加强国内不同地区的交流与协作，从个性特征中找出共性规律，形成对我国草业发展及社会经济有重大意义的科技成果。

5. 加强饲草栽培技术研发与成果转化

栽培技术成果往往是多个专业技术和知识的综合，多以“技术体系”的形式出现，在生产实践中操作难度较大，不利于饲草栽培技术成果的转化。因此，需要在成果转化、推广上加大力度，并加强物化、轻简化栽培技术的研究与开发，使无形的技术与有形的物质紧密结合起来，创造出实用、可操作性强的栽培技术产品。应注意将最新的饲草生理生态、环境与时空调节以及优质高产栽培理论结合到栽培技术成果之中，使饲草栽培技术更具有可物化性、独立性和市场性。

（三）重点领域与方向

展望未来，饲草栽培学将是一个不断求实创新的学科，随着现代科技的发展和草产业的技术需求，饲草栽培学也将被赋予新的研究内容和新的研究方向。为此，就本学科的重点研究领域和方向提出如下建议。

1. 饲草逆境栽培

我国由于人口、食物安全的压力，饲草种植区域的大多气候和土壤环境条件较差，不适宜农作物生产，逆境胁迫比较严重。加上全球的温室效应和环境恶化、自然灾害发生频繁，对饲草稳产、高产造成了严重威胁。因此，逆境胁迫下的饲草栽培理论和应对逆境胁迫的调控技术，应是饲草栽培学研究的一个重点领域。需要研究饲草对逆境响应的机制，从种群、个体、组织、器官、细胞和分子的不同水平上研究饲草对逆境胁迫的响应机制，揭示饲草对逆境胁迫的适应性机理。同时，研究应对逆境胁迫的调控技术，从耕作、栽培管理、化控等技术方面减轻逆境胁迫对饲草造成的损失。特别是需要研究饲草本身的生理调控作用，利用植物本身的耐胁迫能力或者给植物创造适宜的环境来发挥其逆境适应能力和抵抗能力。

2. 饲草节水栽培

节水是当前世界性的重要问题，我国水资源缺乏尤为严重。预计到2030年我国人口达到16亿高峰时，人均水资源量将下降为1760m^3，逼近国际上公认的严重缺水警戒线（1700m^3）。农业是我国的用水大业，占全国用水量的70%。发展现代节水农业、大规模提高农业用水效率，对我国是一项重要任务。随着我国苜蓿等饲草种植规模的不断扩大，饲草节水栽培也日趋重要。要重点研究主要栽培饲草的水分吸收与利用机理和需水规律，弄清特定饲草需水的关键时期，减少水分损失，提高土壤水和灌溉水的利用效率，达到节水与高产优质的统一。

3. 饲草高效施肥

施肥是饲草增产增效的主要措施之一，但当前我国农业生产中肥料用量过大，单位施肥量增产效果降低，施肥引发的环境问题日趋严重，因此迫切需要提高肥料的利用效率和生产率，减少肥料的用量和次数，减轻肥料对环境的污染。在饲草栽培学中，首先需要研究不同环境、管理和土壤肥力条件下饲草优质高产的需肥规律和动态，阐明优化、高效施肥的生理生态学机制。其次，加强新型肥料（如缓释肥、控释肥、长效肥、菌肥、药肥等）的研发与应用，特别是低成本、低污染的新型包膜材料的研发。最后，研究新型施肥理论和技术，提高水肥耦合效应，凝聚农学、土壤学、信息学等领域相关先进技术，实现精确施肥，提高肥料利用率和增产效果。

4. 饲草信息化与智能化栽培

现代信息技术的飞速发展为饲草栽培技术的进步创造了良好条件。运用信息技术，可以对复杂的栽培生产过程进行系统分析和综合，建立动态模拟模型和管理决策系统，实现饲草生产管理的定量决策，从而促进饲草栽培的规范化、信息化、科学化，使传统作物栽培学转变为智能化的饲草栽培学。其研究内容涉及面很广，主要包括饲草生长模拟和预测系统，饲草管理决策支持系统，饲草空间信息系统（3S技术），饲草栽培管理专家系统，水、肥、病、虫诊断系统，虚拟饲草及网络服务系统等。应根据我国饲草生产实际，研发具有中国特色的信息化、智能化栽培技术。

参考文献

[1] Allen V. G., C. Batello, E.J. Berretta, J. Hodgson, M. Kothmann, X. Li, J. McIvo, J. Milne, C. Morris, A. Peters, M. Sanderson. An international terminology for grazing lands and grazing animals [J]. Grass and Forage Science, 2011 (66): 2-28.

[2] 洪绂曾. 苜蓿科学 [M]. 北京：中国农业出版社，2009.

[3] 苗阳，郑钢，卢欣石. 论中国古代苜蓿的栽培与利用 [J]. 中国农学通报，2010，26 (17): 403-407.

[4] 郭丽玲. 浅析紫花苜蓿的栽培技术 [J]. 农业技术与装备，2010 (14): 26.

[5] 霍平慧，李剑峰，师尚礼，等. 超干及老化处理对紫花苜蓿种子活力和生理变化的影响 [J]. 中国草地学报，2011 (3): 28-34.

[6] 陈臻，古丽君，徐秉良，等. 长枝木霉对6种牧草种子发芽与生理效应的影响 [J]. 草地学报，2013，21 (03): 554-570.

[7] 刘慧霞，王康英，郭正刚. 不同土壤水分条件下硅对紫花苜蓿生理特性及品质的影响 [J]. 中国草地学报，2011，33 (3): 22-27.

[8] 刘建利. 激素对蒺藜状苜蓿种子休眠的破除 [J]. 安徽农业科学，2010，38 (2): 665-667.

[9] X. L. Li, D. R. Su, Q. H. Yuan. Ridge-furrow planting of alfalfa (Medicago sativa L.) for improved rainwater harvest in rainfed semiarid areas in Northwest China [J]. Soil and Tillage Research, 2007, 93 (1): 117-125.

[10] 李春荣，苏德荣，李向林，等. 覆膜垄沟集雨种植对老芒麦高度和密度的影响 [J]. 草业科学，2010，27 (03): 82-88.

[11] 单长卷，韩蕊莲，梁宗锁. 黄土高原冰草叶片抗坏血酸和谷胱甘肽合成及循环代谢对干旱胁迫的生理响应 [J]. 植物生态学报，2011，35 (6): 653-662.

[12] 徐丽君，王波，玉柱，孙启忠. 不同生长年限敖汉苜蓿草地土壤呼吸研究 [J]. 干旱区研究，2009，26 (1): 14-20.

[13] 刘慧霞，王康英，郭正刚. 不同土壤水分条件下硅对紫花苜蓿生理特性及品质的影响 [J]. 中国草地学报，2011，33 (3): 22-27.

[14] 何玮，蒋安，王琳，等. PEG干旱胁迫对红三叶抗性生理生化指标的影响研究 [J]. 中国农学通报，2013，29 (5): 5-10.

[15] 万里强，李向林，石永红，等. PEG胁迫下4个黑麦草品种生理生化指标响应与比较研究 [J]. 草业学报，2010，19 (1): 83-88.

[16] 崔国文. 紫花苜蓿田间越冬期抗寒生理研究 [J]. 草地学报，2009，17 (2): 145-150.

[17] 孔令慧，赵桂琴. 不同品种红三叶苗期对4℃低温胁迫的生理响应 [J]. 中国草地学报，2013，35 (03): 31-37.

[18] 李剑峰，张淑卿，师尚礼，等. 酸度水平下亚铁离子对苜蓿幼苗生理特性的影响 [J]. 草地学报，2009，17 (5): 570-574.

[19] 高文俊，徐静，谢开云，董宽虎. Na_2CO_3 和 $NaHCO_3$ 胁迫下冰草的生长及生理响应 [J]. 草业学报，2011，20 (4): 299-304.

[20] 范方，张玉霞，姜健，等. 盐胁迫对紫花苜蓿生长及光合生理特性的影响 [J]. 中国农学通报，2013，29 (17): 14-18.

[21] Chengzhang Wang, B. L. Ma, * Xuebing Yan, Jinfeng Han, Yuxia Guo, Yanhua Wang, Ping Li. Yields of Alfalfa Varieties with Different Fall-Dormancy Levels in a Temperate Environment [J]. Agronomy Journal, 2009, 101 (5): 1146-1152.

[22] 王钊. 种植密度对草原3号杂花苜蓿生长发育的影响 [D]. 呼和浩特：内蒙古农业大学，2008.

[23] 郑敏娜，李向林，万里强，等. 四种暖季型禾草对水分胁迫的生理响应 [J]. 中国农学通报，2009 (9):

114–119.
［24］崔秀妹，刘信宝，李志华. 外源水杨酸对水分胁迫下扁蓿豆光合作用及饲草产量和品质的影响［J］. 草地学报，2013，21（01）：127–134.
［25］李微. 中药－壳聚糖复合型种衣剂包衣能对玉米生长发育的效用研究［D］. 哈尔滨东北农业大学，2008.
［26］张文洁，丁成龙，沈益新，等. 沿海滩涂地区不同栽培措施对禾本科牧草产量及品质的影响［J］. 草地学报，2012，20（02）：318–323.
［27］孙洪仁. 中国栽培草种区划（讨论稿）［C］. 中国草学会饲料生产专业委员会第十六次学术研讨会论文集. 成都：四川省草原工作总站，2011.
［28］张健，黄勇富，蒋安. 三峡库区适生牧草种植区划研究［J］. 中国草食动物，2009，29（2）：4–7.
［29］韩建国，孙洪仁，玉柱，李志强. 牧草技术100问［M］. 北京：中国农业出版社，2009.
［30］康俊梅，张丽娟，郭文山，等. 中苜1号紫花苜蓿高效共生根瘤菌的筛选［J］. 草地学报，2008，16（5）：497–500.
［31］熊志锐，张新宇，王永宝，等. 新疆耐盐苜蓿根瘤菌的分离和高效菌株的筛选［J］. 新疆农业科学，2009，46（6）：1301–1306.
［32］李成云，张帆，刘彩红，等. 牧草种子包衣材料的筛选［J］. 东北农业大学学报，2013，44（4）：94–100.
［33］孙启忠，韩建国，玉柱，等. 科尔沁沙地苜蓿抗逆增产栽培技术研究［J］. 中国农业科技导报，2008，10（5）：79–87.
［34］王占哲，王刚，赵殿忱，陆永祥. 中温带黑土区紫花苜蓿不同农艺措施下生产能力研究［J］. 草业科学，2008，25（12）：75–79.
［35］赵萍，赵功强，马莉. 半干旱地区苜蓿旱作播种技术研究［J］. 作物杂志，2010（1）：100–102.
［36］王志明，虎凌云，杜文华，等. 岷山红三叶与冬小麦保护播种技术研究［J］. 草原与草坪，2009（5）：56–58，61.
［37］贾鲜艳，张众，庞敏娜，等. 不同播期及密度对草原3号苜蓿生长发育的影响［J］. 内蒙古农业大学学报（自然科学版），2012，33（2）：93–98.
［38］李新一，孙洪仁，马金星，齐晓. 主要优良饲草高产栽培技术手册［M］. 北京：中国农业出版社，2010.
［39］谢勇，孙洪仁，张新全，等. 坝上地区紫花苜蓿土壤铁、锰和锌丰缺指标初步研究［J］. 草业与畜牧，2010（10）：6–11.
［40］谢勇，孙洪仁，张新全，等. 坝上地区紫花苜蓿土壤有效磷、钾丰缺指标初探［J］. 草业科学，2011，28（2）：231–235.
［41］赵云，谢开云，杨秀芳，李向林. 氮磷钾配比施肥对敖汉苜蓿产量和品质的影响［J］. 草业科学，2013，30（05）：723–727.
［42］宋云华，钟建明，马琼媛，李林. 紫花苜蓿不同基肥配比效应的研究［J］. 草业科学，2008，25（3）：43–46.
［43］苏伟，鲁剑巍，刘威，等. 氮磷钾肥用量对紫云英产量效应的研究［J］. 中国生态农业学报，2009，17（6）：1094–1098.
［44］张学洲，李学森，顾祥，等. 氮、磷、钾不同施肥配比效应对人工混播草地产量与品质的影响［J］. 新疆农业科学，2010，47（1）：2277–2282.
［45］胡华锋，肖金帅，郭孝，等. 氮磷钾肥配施对黄河滩区紫花苜蓿产量和品质的影响［J］. 湖南农业大学学报（自然科学版），2009，35（2）：178–180，188.
［46］李小坤，李云春，鲁剑巍，等. 强降雨致洪涝灾害下不同因素对水稻倒伏的影响［J］. 自然灾害学报，2012，28（06）：1666–1670.
［47］孙洪仁，马令法，何淑玲，等. 灌溉量对紫花苜蓿水分利用效率和耗水系数的影响［J］. 草地学报，2008（6）：636–639.
［48］Hao Wang，Zizhong Li，Yuanshi Gong，et al.［J］. Agronomy Journal，2009，101（4）：996–1002.
［49］刘虎，苏佩凤，郭克贞，杰恩斯. 北疆干旱荒漠地区春小麦与苜蓿灌溉制度研究［J］. 中国农学通报，

2012，28（03）：187-190.

[50] 孟季蒙，李卫军．地下滴灌对苜蓿的生长发育与种子产量的影响［J］．草业学报，2012，21（01）：291-295.

[51] Liu P S，Jia Z K，Li J，et al. Moisture dynamics of soil dry layer and water restoring effects of alfalfa（Medicago sativa）grain crop rotation on soil dry layer in alfalfa farmlands in Mountainous Region of southern Ningxia［J］. Acta Ecologica Sinica，2008，28（1）：183-191.

[52] 刘沛松，贾志宽，李军．宁南旱区不同草粮轮作方式中前茬对春小麦产量和土壤性状的影响［J］．水土保持学报，2008，22（5）：146-152.

[53] 王宇涛，辛国荣，杨中艺．多花黑麦草的应用研究进展［J］．草业科学，2010，27（3）：118-123.

[54] 韩丽娜，丁静，韩清芳，等．黄土高原区草粮（油）翻耕轮作的土壤水分及作物产量效应［J］．农业工程学报，2012，28（24）：129-137.

[55] 丁松爽，苏培玺，严巧娣，等．不同间作条件下枣树的光合特性研究［J］．干旱地区农业研究，2009，27（1）：184-189.

[56] 向佐湘，肖润林，王久荣，等．间种白三叶草对亚热带茶园土壤生态系统的影响［J］．草业学报，2008，17（1）：29-35.

[57] 刘军和．美国杏李园间种紫花苜蓿和间作红豆草对天敌影响评价［J］．河南师范大学学报（自然科学版），2009，37（5）：119-121，173.

[58] 苏培玺，解婷婷，丁松爽．荒漠绿洲区临泽小枣及枣农复合系统需水规律研究［J］．中国生态农业学报，2010，18（2）：334-341.

[59] 陈明，周昭旭，罗进仓．间作苜蓿棉田节肢动物群落生态位及时间格局［J］．草业学报，2008，17（4）：132-140.

撰稿人：李向林　师尚礼　孙启忠　孙洪仁　万里强

饲草加工

一、引言

（一）学科概述

饲草通过加工形成各种产品，具有一定的形态、形状或者规格，适于作为商品进入流通领域。在实现饲草商品化的过程中，饲草加工是整个产业链的中心环节，是饲草从分散生产走向社会化生产、从农产品转为商品的重要步骤。饲草加工可以实现饲草的专业化、规模化、社会化生产，符合产业化对生产过程的组织经营要求。饲草产品加工以保持和提高饲草的营养价值、减少加工贮藏过程中的营养损失为基本理论，以研究饲草原料的特性，切割、晾晒、压实、揉搓等物理加工，酸、碱等化学加工，乳酸菌、酵母菌等生物学加工对原料养分的影响机制，露天、棚架、密封等贮藏条件下养分的变化趋势，草捆、草块、草颗粒等成型加工产品特性为主，以最终实现饲草养分的高效保存，并且有利于动物的利用为目标。

饲草产业经济管理是运用现代管理学的基本理论、饲草产业经济管理的基本原理和原则，确定适合饲草产业发展的经济管理体制，正确处理国家与生产者之间的责、权、利经济关系，通过有关政策以调动生产者的积极性，通过相关法律法规以规范和约束相关参与者的行为，合理调整饲草产业结构，搞好饲草产业布局，推进饲草产业化经营，充分利用饲草资源，促进饲草产业规模化发展。在市场经济条件下，运用市场机制和价格机制，合理组织商品的流通和交换，促进产品价值的实现和增长，制定饲草产业发展战略措施，实现饲草产业的可持续发展。同时通过市场调查和科学预测、决策，合理确定经营目标和行动方案，编制企业计划，对饲草生产过程和生产要素（资源、人力、物力、财力等）进行合理组织、经济核算、有效调节和控制，以保证计划目标的实现，同时采取有效的营销策略和手段，组织产品进入市场，并保证其价值和效益的实现，对一定时期的效益进行分析评价，总结经验，找出问题，以进一步指导以后的经营管理。

（二）学科发展历史回顾

甲骨文中的“芻”字，像用手取草之状，说明要用人工收获和贮备牧草。《诗经·小雅·鸳鸯》中有“乘马在厩”和“摧之秣之”之句，有人认为“摧”字当作“莝”字，《说文》“莝，斩刍也”，就是说要用切碎的刍草喂牲畜。我国的饲草加工可考的文字记载自此开始。西周时谷物的收获已从先收禾穗的方法进入到连秸收获的方法。秦汉时期特别强调抢收，有“收获如寇盗之至”的说法。明代官牛的草料归户部供应，洪武二十五年（公元 1392 年），鉴于百姓供应草料困难，下令北平等远处卫所由官军自采野草备用。从此乃有贮存秋青草的办法。

《齐民要术》在叙述养羊所需的饲料时叙述了草的收获与加工：“……八九月中，刈作青茭。若不种豆谷者，初草实成时，收刈杂草，薄铺使干，勿令郁浥。”

中国青贮的研究与利用古籍最早见于六百多年前元代王祯的《农书·农桑通诀畜养篇》，其中记载：“江北陆地，可种马齿……割之……铡切，以泔糟等水浸于大槛中，令酸黄”。距今两百多年前清朝的杨屾所撰写的《豳风广义》卷三，总结了当时饲养家畜的先进经验，介绍到了苜蓿发酵的方法：将种植的苜蓿刈割下来，用米泔水或酒糟、豆粉水浸入砖窑中，令酸黄。

20 世纪初，伴随着我国历史地位的提升与国家实力的发展，大批仁人志士学成归国，将国外先进的科学技术应用于我国的生产实践中。

中国农业科学院等科研院所与高校对玉米秸、整株玉米、稻草、马铃薯、胡萝卜、甘薯蔓、甘薯青贮调制以及在生产中的推广应用进行了大量工作。其间，对亚硫酸钠、尿素等青贮饲料添加剂也作出了相关的基础研究，探讨了青贮饲料在羊、猪等家畜生产中的应用。北京农业大学（今中国农业大学）、南京农学院等高等学校科研人员对青贮饲料的 pH 值、乙酸、丁酸等品质的评定做了研究。饲草干草调制的研究与生产实践在广大牧区得以推广示范。

改革开放之后，随着种植业三元结构的建立，近十年我国饲草产品生产有了一定的发展，在山东、河北、山西、内蒙古、辽宁、吉林、甘肃等省（区）均形成了一定规模的干草和草粉的生产基地，在很大程度上缓解了这些地区家畜冬季饲草不足的矛盾，在一定程度上对我国家畜饲料添加料的改善起了促进作用，同时还有部分草产品出口日本、韩国及东南亚等国家。

二、现状与进展

（一）本学科发展现状及动态

改革开放以来，随着人们生活水平的提高，对优质畜产品的需求日益增加，从而推动了饲草产品的生产，使我国的饲草产品加工与经济管理学科和饲草产品产业发生了巨大的变化。依靠自主创新和研究开发，借鉴国外先进经济管理经验和对引进先进技术装备的消化吸收及再创新，提高了中国饲草产品生产的过程科学化，促进了设备机械化，显现了品种多样化。经过中国农业大学，中国农科院草原所、畜牧所、饲料所，地方各级农业科研单位和其他各农业院校的共同努力，已在原料水分调控、青贮饲料与干草贮藏添加剂筛选、青贮饲料与干草等贮藏管理措施等生产技术和饲草产品原料的开发技术等方面取得了一定的积累。中国农业机械化科学研究院、中国农业大学等单位研制开发了饲草加工专用装备，并且经过部门参与大力推广，饲草产品的利用在畜牧业生产中全面推广。

1. 饲草适时刈割技术研究现状与动态

中国农业大学、中国农业科学院草原研究所、南京农业大学、山西农业大学等高校和科研院所对苜蓿、青贮玉米等饲草的适时刈割技术研究已经取得了一定的进展，根据不同区域、不同生产规模、不同利用目的的苜蓿、青贮玉米等的收获时期与养分状态的变化，获得了相应的收获适期技术积累，苜蓿以现蕾期－初花期收获为宜，青贮玉米以蜡熟期收获为宜，相应的技术已经在生产实践中得以示范推广。其他饲草，如红豆草、三叶草、百脉根、多变小冠花、柱花草、草木樨、胡枝子、黑麦草、鸭茅、无芒雀麦、羊草、披碱草、冰草、羊茅、苏丹草、燕麦、串叶松香草、菊苣等的适时刈割技术正在研究中。

原料收割过早，粗蛋白质等营养物质含量较高，中性洗涤纤维和酸性洗涤纤维含量较低，营养物质的消化率高，而刈割过晚则相反，但是过早刈割可收获的总可消化养分低于后期。综合考虑生物量与可利用率，探讨各种饲草的适宜收获时期对于后续饲草的加工与利用具有重要的意义。

目前已经成形并且推广的技术包括饲草适时刈割技术、饲草刈割留茬控制技术、适应气候条件饲草刈割收获技术等。

2. 饲草青贮原料资源开发利用现状与动态

在中国农业大学、浙江大学、内蒙古农业大学、中国农业科学院草原研究所、石河子大学、中国农业科学院饲料研究所、南京农业大学、华南农业大学、东北农业大学、山西农业大学、兰州大学等高校与科研院所以及各级推广部门的努力下，在原有的以传统奶牛生产带玉米青贮为主的基础上，草地农业生态系统耦合，在农业生产中逐渐实现草地农业——饲草的栽培与加工利用。饲草青贮饲料的原料由常见的玉米延伸至几乎与农业生产有关的所有植物性材料。例如，苜蓿、红三叶、白三叶、红豆草、紫云英、沙打旺、多变小冠花、百脉根、扁蓿豆、柱花草、草木樨、胡枝子、岩黄芪等豆科植物，无芒雀麦、羊草、冰草、黑麦草、羊茅、猫尾草、鸡脚草、小黑麦、老芒麦、新麦草、甜高粱、苏丹草、谷稗、白羊草、象草、狼尾草、饲料稻等禾本科植物，大籽蒿、串叶松香草、菊苣、麻花头等菊科植物，驼绒藜、籽粒苋、马齿苋等陆生植物，水葫芦等水生植物，芥菜叶等农副产品以及草甸草原、干草原、温性草原、荒漠植物的混合青贮。除了直接以植物体为青贮原料外，还对加工业的副产品可贮性进行了相关的探讨，例如苜蓿叶蛋白草渣、甜菜渣等。

结合青贮发酵过程中微生物增殖动态，原料水分、水溶性碳水化合物等化学成分和原料茎秆结构、叶片分布等物理特征以及原料附着微生物特性对青贮发酵过程的影响机理，有关人员对上述原料的可影响青贮发酵进程的水分含量、水溶性碳水化合物含量、缓冲能值、附着乳酸菌数量、附着霉菌和酵母菌数量等因素进行了研究与探讨，从而为调制不同原料的优质青贮饲料提供了相应的理论基础，并且在畜牧业生产实践中加以推广。

目前已经成形的技术成果包括饲草原料水分调控技术、饲草添加剂青贮技术、饲草青贮原料加工处理技术、饲草青贮养分降解阻遏技术、饲草混合青贮技术、青贮设施配套技术等。

3. 饲草干燥技术研究利用现状与动态

我国广大草原区和牧草种植区在饲草干燥方面基本上还是沿用传统的草垄晾晒技术。该技术成本低，干燥时间长，营养耗损大，调制加工优质饲草产品的可能性较小。尤其在调制苜蓿类豆科牧草时，因传统技术的制约而使饲草产品质量较差。我国饲草主要产区在牧草收获时期降雨频繁，在雨季采用传统技术干燥牧草的品质较差。为了加速干燥，我国研制与开发了茎秆压扁机械，大大缩短了牧草干燥时间，已经在国内得到示范推广应用，但普及率较低。中国机械研究院呼和浩特分院成功研制出了太阳能牧草干燥设备，也可以缩短牧草干燥时间，但是设备造价高，推广应用还存在难度。

在中国农业大学、内蒙古农业大学等高等院校的研究基础上，逐步推广应用的饲草干燥技术包括饲草搂草摊晒技术、豆科饲草刈割压调制技术。其中，高温快速干燥技术和太阳能干燥技术已经研制成功，但受到作业成本较高的不利影响，在实际生产中的应用受限。目前中国农业大学牧草研究团队正在研制高水分干草加工贮藏技术，通过筛选适宜的微生物和有机物添加剂，能够使 20% 以上含水量的豆科饲草得以安全贮藏。

4. 饲草添加剂发展现状与动态

中国农业大学、中国农业科学院、华南农业大学等高校和研究单位的饲草研究团队在筛选与鉴定植物源附着微生物的基础上，筛选出了可以改善饲草产品品质、提高饲草产品养分保存效率的植物乳杆菌、布氏乳杆菌、乳酸片球菌、丙酸菌等菌株，目前已经形成单一型或复合型微生物产品，在青饲草产品生产中得以实践推广。

另外，在揭示饲草产品贮藏过程中养分变化的研究基础上，筛选出可提高饲草产品营养成分保存效率与养分消化率的化学性添加剂种类及其添加比例，例如硫酸盐、丙酸盐、蔗糖、甲酸、尿素等。

兰州大学、中国农业大学的饲草研究团队通过探讨苜蓿等牧草在青贮发酵过程中和干草贮藏过程中纤维组分、淀粉、双糖、单糖等的含量动态及其调控措施，为青贮饲料和干草在家畜利用中的养分平衡提供了理论依据。

中国农业大学饲草研究团队通过研制中药、蒙药成分添加剂，应用于青贮饲料中，降低了蛋白质的降解程度，保存了营养物质。另外还研制了可以用于抑制干草霉菌增殖的包括酶、化学添加物在内的复合型添加剂。

除了常规的培养法、发酵特性鉴定法以外，在菌株鉴定中逐步应用了 16s RNA 等分子生物学检测方法。菌种制备采用冻干法，探索了不同菌种的相应的保护剂和冻干工艺。

5. 草产品质量和安全标准现状与动态

在农业部全国畜牧业标准化技术委员会的指导下，由全国畜牧总站、中国农业大学、内蒙古农业大学、甘肃农业大学、兰州大学、新疆农业大学等单位起草，全国畜牧业标准化技术委员会颁布了《GBT 25882–2010 青贮玉米品质分级》、《NY/T 1904–2010 饲草产品质量安全生产技术规范》、《NY/T 2128–2012 草块》、《NY/T 2129–2012 饲草产品抽样技术规程》、《NY/T728–2003 禾本科牧草干草质量分级》、《NYT 1574–2007 豆科牧草干草质量分级》、《NYT 1575–2007 草颗粒质量检验与分级》、《NY/T 1904–2010 饲草产品质量安全生产技术规范》等国家和行业标准，另外还有《DB51 T 684–2007 紫花苜蓿草颗粒加工技术规程》等地方标准的颁布。

已经颁布实施的各类标准与草产业的发展需求相比还有较大差距，在规范和管理草产品行业方面显得不足。目前，正在组织饲草产业相关专家编制有关的新的行业标准。

6. 饲草青贮设施现状与动态

饲草青贮设施是指装填青贮饲料的容器。在青贮饲料生产中，青贮设施的投入成本一般较高。中国地域辽阔，生产环境多样性高，不同生产场或农牧户饲养的畜群种类、规模、生产能力等均有所不同，在生产中常见的大型青贮设施有青贮壕、青贮窖、青贮仓、青贮堆、大型青贮袋等，小型青贮设施包括青贮桶、青贮缸、青贮袋、拉伸膜裹包青贮等。在科研探索中，既有青贮壕、青贮窖、青贮仓等大型青贮设施，也有青贮罐、青贮管、青贮瓶等实验室型青贮设施。

中国农业大学研究团队等通过预测饲草青贮加工的经济效益，为生产单位和加工企业选择适宜的青贮设施提供决策依据。

中国农业大学研究团队等通过对不同青贮窖的调研与研究，正在完成青贮窖建设的技术规范，以用于指导青贮窖建设。

7. 饲草加工机械现状与动态

中国农业大学、中国农业机械化科学研究院呼和浩特分院、石家庄鑫农机械有限公司等科研与生产单位，在适时收获、合理加工、迅速密封、科学取饲等各个作业环节，都研制与生产了饲草加工机械。在集约化生产单位，为了满足及时收获的目的，各种饲草收获与加工机械包括自走式联合收获机、牵引式割草机、切草机、揉草机、打捆机等都得以示范推广。在取饲过程中，专用取饲机械应用较少，兼用型机械利用较多。

为了便于青贮饲料的商品化生产和饲草青贮加工的产业化发展，运用经济学、系统学等原理，开发与研制了草捆青贮、TMR配合青贮等配套装备。中国农业大学等研制了苜蓿干燥茎叶分离技术及成套设备。石家庄鑫农机械有限公司与中国农业大学合作，正在研制与生产袋式青贮配套装备以及适用于山地的苜蓿刈割压扁收获机械。

8. 饲草产品利用现状与动态

通过中国农业大学等单位的研究与示范推广，苜蓿干草或草颗粒（草块）、苜蓿青贮饲料在国内大型奶牛场已经得以推广示范利用，对动物健康、畜产品品质、养殖场可持续发展等方面的益处得以在实践中体现。目前在规模化的奶牛养殖场中，苜蓿的利用已经得以普及，形成了高产奶牛苜蓿干草日粮利用技术和高产奶牛苜蓿青贮饲料日粮利用技术。在高端奶牛养殖场中，通过中国农业大学饲草研究团队等的研究与示范，燕麦干草也得以一定程度的应用。

以玉米秸秆为原料的青贮饲料在华北、东北、中原、西北地区等奶业传统优势区都占有主要的地位，同时配合以全株玉米青贮饲料和其他豆科、禾本科、菊科或混合青贮饲料。在饲养动物中，主要是奶牛和肉牛。伴随生态治理，羊只入圈，在羊的饲养中，青贮饲料逐步得到广泛利用。在牧区牛、羊等的饲养中，青贮饲料在动物日粮中的比例也在逐渐增加。另外，部分地区或养殖单位、农牧民在马、驴、骆驼、鹿、鹅等动物的饲养中也有青贮饲料的饲喂与利用。

河南农业大学饲草研究团队在猪、禽、鱼类等动物日粮中的饲草利用以及动物健康、动物产品品质等方面积累了研究基础，目前正在示范应用推广。

9. 饲草产品经济管理利用现状与动态

在饲草产品生产与利用过程中，经济管理环节极为重要。经过草学经济管理人士的努力，中国农业出版社出版了首本草学经济管理教材——《草业经济管理》，在饲草产品加工、产品贸易的一系列过程中，正在应用经济学、管理学以及自然科学的理论和方法，结合饲草产品生产经营的特点，揭示我国饲草产品生产经营活动的一般规律，探讨饲草产品生产活动内部与外部以价值为核心、以管理为手段的各种经济关系。

国家牧草产业技术体系在苜蓿等饲草产业化发展方面作出了一定的探索。目前在安徽秋实草业、辽宁辉山乳业、成都大业等龙头企业的带动下，草业产业的经济理论正在逐步建立，并且应用于草业生产实践中。

（二）学科重大进展及标志性成果

1. 学术建制

通过2011年的草学一级学科建设行动，设立了饲草学二级学科。目前正在建设饲草栽培学、饲草加工学、饲草利用学、草业经济管理学等核心研究内容，外延包括土壤学、肥料学、牧草种子学、牧草饲料作物育种学、牧草品质评价、动物营养学、饲料学、牛生产学、羊生产学、家兔生产学等各种学科内容。

2. 人才培养

中国农业大学、中国农业科学院、兰州大学、甘肃农业大学、新疆农业大学、内蒙古农业大学、西北农林科技大学、南京农业大学、华南农业大学、东北农业大学、四川农业大学、扬州大学等高校或者科研院所具有饲草加工学方向博士培养资格，山西农业大学、河北农业大学、河南农业大学、宁夏大学、青海大学、云南农业大学、西南大学等高校具备饲草加工学方向的硕士培养资格，这些单位为我国饲草加工学方向培养了高端人才。全国 30 余所高校的草业科学专业为我国饲草加工方向培养了本科人才。

3. 标志性成果

（1）饲草青贮原料调控技术

在主要的青贮玉米原料中，研究了混播、施肥、种植密度、灌溉等农事操作对生物学产量、水溶性碳水化合物含量、硝基化合物含量等的影响。对苜蓿、三叶草等原料的水分含量等与青贮发酵有关的原料特征进行了探讨。

对玉米、苜蓿等原料切短长度对青贮饲料发酵品质与营养成分的影响也进行了相应的探讨，确立了原料的理论切短长度。

（2）饲草产品养分劣变阻遏技术

原料养分劣变涉及可利用蛋白质的降解与损失、可利用碳水化合物的损失、维生素降解等关键问题。中国农业大学牧草科研团队通过检测酶制剂、酸制剂、菌剂处理青贮饲料和干草的蛋白质、单糖（双糖、多糖）的动态变化，评价各种添加剂对青贮饲料和干草养分劣变的阻遏效应，正在形成完善的青贮饲料和干草等养分劣变阻遏技术。

（3）饲草产品品质评价体系

结合生产实际与产业化发展的需求，逐步建立健全了饲草产品感官评价方法、实验室检测检验指标与体系。在实验室检测检验指标中，除了常规的化学分析外，还结合饲养实践，拓展至水分、粗蛋白（真蛋白）、中性洗涤纤维、酸性洗涤纤维、木质素、粗灰分、粗脂肪（脂肪酸）等化学成分的含量，甚至于体外消化实验或原位消化实验的养分可利用程度的评价。特别是为了满足畜禽健康养殖的需求，中国农业大学、中国农业科学院草原研究所等单位建立了饲草产品有毒有害成分检测方法，并且结合添加剂处理、饲草产品生产过程化管理等措施，形成了优质饲草产品生产技术体系。

（4）饲草产品利用技术

不同原料或加工措施形成的饲草产品，其养分含量与可利用程度差异显著，在对不同生产阶段的奶牛、舍饲肉牛与羊饲喂或放牧家畜补饲时，应科学配制、合理搭配，提高饲草产品的养分的利用率，避免浪费，降低生产成本。目前，饲草产品已经在奶牛与肉牛生产中获得稳定的利用。

除了常规的饲草产品外，以TMR配合青贮为生产模式的裹包青贮饲料，在奶牛生产中也正在推广应用。

（5）南方与牧区饲草青贮生产与利用技术

随着奶业向南方的推进，在安徽、浙江、福建、广东、上海等地区逐步发展奶牛养殖，青贮饲料本地化对南方饲草青贮的要求，推动了南方高水分、低水溶性碳水化合物、高缓冲能值原料的青贮加工与利用技术，该技术在江苏农业科学院畜牧研究所和南京农业大学等单位的饲草研究团队的努力下，已经取得一定的研究进展，并且在生产实践中得以示范。

为了缓解因灾造成的家畜饲养状况剧烈波动境况，正在开展不同草原牧区植物混合青贮饲料的生产与利用研究，将丰草季节的植物原料贮备过冬，以保障全年均衡供应优质青贮饲料。

（6）饲草青贮商品化生产技术

通过拉伸膜裹包青贮饲料、小型袋装青贮饲料的示范推广，使青贮饲料能够在一定的运输半径内获取利益，培育了商品化青贮饲料的市场。此外，由于部分养殖场或农牧户缺乏稳定的饲草基地，他们对优质青贮饲料有稳定的市场需求，从而催生了专业性的青贮饲料生产企业或专业户。

（7）苜蓿叶蛋白生产技术

通过中国农业大学、甘肃农业大学等科研单位的研究与开发，已经开发了成熟的苜蓿叶蛋白粗提物、精提物等的技术体系，目前正在积极示范推广。

（三）本学科与国内外同类学科比较

饲草产品加工与经济管理学科同国内同类学科，如食品加工与经济管理、饲料加工与经济管理、烟草加工与经济管理等相关学科相比，虽然学科建立历史悠久程度不如后者，但是在短短的时间之内，已经培养了一大批科学研究与生产实践开发的队伍，获得了一定的学科基础理论知识，正在构建与完善本学科体系，形成了初具一定规模的产业化企业。但是，由于长期以来的非科学性指导思想僵化模式、研究的深入程度、配套科研人员与经费的不足，在未来的学科发展中，还待进一步加强。

与国际研究和生产实践相比，我国在饲草产品资源开发、微生物资源收集与创制方面，走在前列。但是同其他饲草产品加工与经济管理较为发达的美国、日本、澳大利亚、加拿大、以色列等国家相比，在饲草产品养分高效保存与转化利用、饲草产品专用机械与装备、饲草产品产业化经济管理等方面还存在差距。

三、展望与对策

（一）本学科未来几年发展的战略需求、重点领域及优先发展方向

1. 战略需求

结合学科性质、特点与地位，本学科在未来几年的战略需求体现在优质饲草高效快速保存、饲草产品生产与畜牧业协调发展、品种丰富的饲草产品配套设施装备、饲草产品资源的高值高效转化与利用等方面。在逐步深入理论研究与生产实践广泛示范推广的基础上，形成关于饲草产品加工与经济管理的理论体系。

2. 重点领域

（1）饲草青贮原料宜贮性的研究

饲草青贮时，其原料水分含量、水溶性碳水化合物含量、因化学成分而特有的缓冲能值、物理结构等方面都对青贮发酵品质和营养价值产生重要影响。在研究与探讨饲草青贮原料宜贮性的基础上，可以通过研究其他的配套调制措施，改善青贮饲料的发酵品质或营养价值。

（2）高效饲草产品添加剂的筛选与创制

添加剂的种类繁多，包括促进青贮发酵进程有益微生物增殖的细菌、真菌等生物性制剂、化学性添加剂等，抑制青贮发酵进程有害微生物的生物性制剂、化学性添加剂等，改善与提高饲草产品营养价值的生物性制剂、化学性添加剂等。在筛选与鉴定生物性制剂的基础上，通过功能基因的研究，创制具有复合功能的生物性制剂。

（3）抑制饲草产品养分劣变的调控技术

研究与探索不同原料、不同调制措施下，饲草产品加工贮藏时养分的动态变化过程，高效阻留可供动物利用的养分，包括碳水化合物、真蛋白、维生素、脂肪酸、矿物元素等。

（4）饲草品质检测分析体系与标准

微生物发酵形成的饲草青贮这一产品，在取样检测过程中，微生物的后发酵会造成微生物群落和化学成分的变化，建立快速准确的饲草青贮品质检测分析体系，将为评价饲草青贮加工过程的调控因素、饲草青贮的价值提供坚实的依据。

在饲草产品生产、加工与质量检测方面的标准主要有《青贮玉米品质分级》、《苜蓿干草捆质量》、《禾本科牧草干草质量分级》、《草颗粒质量检验与分级》、《苜蓿干草粉质量分级》、《出口甘草检验方法》、《出境蔺草制品检验检疫操作规程》等。此外还有《紫花苜蓿机械化种植技术规范》和《紫花苜蓿机械化收获技术规范》等地方标准。饲草品质检测分析体系与标准还存在许多空白。

（5）饲草产品高效利用技术

将饲草原料以饲草产品的方式加以保存，目前主要为动物提供均衡稳定的饲草基础。

随着生物质能源的逐步深入研究，以青贮方式暂时保存饲草原料，为生物质能源的转化提供加工原料。在动物生产中，与其他日粮组分搭配组合，形成可供家畜高效利用、减少污染与浪费、维持畜体健康的合理日粮。

（6）饲草物流机制的研究与建立

目前饲草加工业发展存在起步晚、发展快、区域分布不均、主要生产区域与主要需求市场分离等特点。另外低水分饲草具有自身特有的密度小、体积大、运输不便和运输成本较高的缺点。我国北方是饲草主产区，对饲草产品研究既要改进生产方式、提高产品质量，还要关注市场，研究与探索建立饲草产品物流体系，把饲草产品运输纳入大宗农产品行列，研究建立草产品运输“绿色通道”，提高企业的经济效益，增大农牧民的利润空间，促进饲草产品加工业的快速发展。

（7）饲草产品经济管理理论探讨

从原料的种植、收集，饲草产品的加工调制贮藏，最终至饲草产品的利用，诸多生产环节都涉及成本的投入、经济管理费用的发生与资源的优化配置。以企业或生产者为主体，建立饲草产品生产经济管理理论，为饲草产品加工产业化的发展提供理论决策。

3. 优先发展方向

1）饲草刈后水分散失动力学过程与控制。

2）与饲草加工有关的饲草化学成分、物理结构等的研究。

3）广谱性、复合型饲草生物性添加剂的筛选与创制。

4）饲草产品含氮化合物、碳水化合物、维生素、脂肪（脂肪酸）等的变化与调控技术。

5）饲草有毒有害物质的钝化或清除。

6）饲草生物活性物质提取与深层次加工。

7）快速准确的饲草品质检测与分析技术。

8）专用饲草加工机械产品的研制开发与成果转化。

9）饲草产品生产经济管理理论。

（二）未来几年发展的战略思路与对策措施

1. 战略思路

以均衡稳定供应动物养殖与新能源开发的优质原料为基点，科学探讨与实践推广，培植学科理论，优化学科人才，扩大产业化生产和企业化运作，注重经济管理，提高饲草青贮产品的附加值，提升学科地位。

2. 对策措施

（1）学科队伍的优化

学科的发展离不开坚实的人才队伍，人才的培育需要完善的学科培养计划，制订前瞻性、科学性、国际性的学科培养计划，切实可行的培养目标，夯实队伍建设，为学科的发展提供基础。实施高层次创新性人才计划，加大高层次人才队伍的引进和培养力度，扩大人才队伍规模，优化人才队伍结构，培养综合性的饲草产品加工与经济管理人才。

（2）增加科研与成果示范推广投入，建立饲草产品加工与经济管理重点学科群实验室

理论的建立需要大量的科研投入，加大饲草产品加工及经济管理的科学研究，成立研究开发和科技支撑体系。积极争取各级财政加大对饲草产品加工与经济管理学科建设经费的资助力度，稳定增加学科建设的经费投入，加强学科建设经费管理的科学化、规范化，提高经费的使用效益。建立饲草产品加工及经济管理的重点学科群实验室，组织国内学科队伍人员联合攻关，为学科理论的深入、战略需求的实现而努力。

（3）建立不同地域、不同规模的饲草产品加工示范基地

饲草产品加工是技术含量相对较高的草学产业，依据地域特色，与科研院所结合，建立不同规模、不同模式的饲草产品加工示范基地，直接解决学科实践问题，为建立可供产业化发展的理论、技术支撑体系提供推广平台。

（4）建立饲草产品加工的经济管理理论体系

依据学科发展特色，建立商品化、市场化、企业化的饲草产品加工模式，以成熟的经济管理一般理论为依据和基础，构建饲草产品加工的经济管理理论体系。

（5）加强国际交流合作

围绕草产品产业建设的实际需要，有计划地引进、消化国外先进的生产技术、设备及管理理念。通过出国进修学习、学术交流等多种信息途径培养国内饲草加工领域高新技术人员，使国内科研技术人员能够学习、适应国际化草产业大发展的要求。

参考文献

［1］王成杰，玉柱．干草防腐剂研究进展［J］．草原与草坪，2009，133（2）：77-79.
［2］洪绂曾．中国草业史［M］．北京：中国农业出版社，2011.
［3］任继周．草业大辞典［M］．北京：中国农业出版社，2008.
［4］张晓娜．苜蓿助干机制及添加剂贮藏技术的研究［D］．呼和浩特：内蒙古农业大学，2010.
［5］玉柱，孙启忠．饲草青贮技术［M］．北京：中国农业大学出版社，2011.
［6］玉柱，贾玉山．牧草饲料加工与贮藏［M］．北京：中国农业大学出版社，2010.
［7］玉柱，贾玉山，张秀芬［M］．牧草加工贮藏与利用．北京：化学工业出版社，2004.
［8］玉柱，贾玉山，李存福［M］．饲草产品检验．北京：科学出版社，2010.
［9］李新文．草业经济管理［M］．北京：中国农业出版社，2010.
［10］王明利．2010 中国牧草产业经济［M］．北京：中国农业出版社，2010.

撰稿人：玉　柱　贾玉山　许庆方　杨富裕　白春生　娜日苏

草地植物保护

一、引言

草地植物保护学（Grassland Protection）是研究牧草病害、虫害、鼠害和毒草等有害生物的生物学特性和发生危害规律及其与环境因子的互作机制，草地有害生物自然天敌及其利用以及监测预警和综合治理技术体系理论与方法的科学。其任务是在研究和掌握草原病害、虫害、鼠害、毒草及其自然天敌的种类、生长发育、分布扩散等发生规律以及危害特点的基础上，依据牧草生产发展的需求，发掘、研究和利用牧草与自然天敌等资源，采用可行的监测预警技术，制定适合于各草地灾害区域的有害生物综合治理技术体系，并提高经济、社会、生态效益，促进草地生态与环境保护建设工作。

本报告重点就我国近年来在草地病害、草地虫害、草地鼠害、草地毒草的生理生化与分子生物学、化学生态学、抗药性机理与检测控制、气候变化对草地有害生物种群发生的影响效应、草原有害生物预测预报、综合治理等方面研究所取得的新进展进行概述，分析我国与国际水平的差距并提出相应的发展对策。

二、草地病害发展研究

（一）草地病害研究概述

草地植物病害是草地植物保护的重要内容和主要分支，主要研究草地植物病原微生物引致草地病害的发生、发展规律及病原微生物可持续管理。草地植物病害也是草地农业生产和生态环境建设的主要限制因素之一，其对草地农业系统的前植物生产层、植物生产层、动物生产层和外生物生产层等均可产生不利影响，降低整个系统的产出与可持续性。另一方面，引致草地植物病害的各种病原物，作为草地农业系统的组分之一，具有不可替代的作用。从生物多样性保育的角度，保护包括病原物在内的各种生物，是实现草地可持续发展的重要前提。因此，研究草地植物病害及其病原物，全面理解其在生态系统中的作用，具有重要的理论与实践意义。

（二）草地病害发展历史回顾

中国牧草病害的研究以往多由作物病理学工作者在研究农作物病害时附带进行，见于文献报道的最早牧草病害调查研究报告是1956年刘经芬和方仲达发表于《南京农学院学报》的《南京牧草试栽中病害的观察》一文。尽管自20世纪20年代以来，我国的科技工作者便对草地植物病害开展过零星研究，但直到1973年，在时任甘肃农业大学草原系系主任任继周教授的领导下，我国高等院校中方开设了“牧草病理学”课程，并于1978年招收了牧草病理学研究生，于1984年由农业出版社出版了农业高等院校同名统编教材，至此，确定了草类作物病理学作为草学和植物病理学分支学科的地位。

（三）草地病害研究现状与进展

20世纪70年代，全国只有一所大学（甘肃农业大学）对本科生开设草原保护学课程，40年后的今天，全国已有31个科研院所招收草学专业的本科生、硕士生或博士生，设有草地保护学研究方向。1997—1998年《草原保护学》修订再版成为全国高等农业院校正式教材，2009年出版了两套“十二五”规划教材《草地保护学》。草地保护学已形成了本科生、硕士研究生、博士研究生和博士后流动站齐全的教育格局。截至2008年年底，草学已有专业教师486人，本科生14225人，在读研究生5107人，其中约20%的人员从事植物保护学。

（四）草地病害重要研究成果

1. 1985年四川科技出版社出版了南志标编著的《牧草常见病害及其防治》

《牧草常见病害及其防治》1993年由新疆科技卫生出版社出版了哈萨克文版。该书记录了我国常见牧草病害的分布、寄主范围、症状、病原菌、发生规律及其防治措施等。

2. 1994年出版了南志标和李春杰主编的《中国草类植物真菌病害名录》

该书收集汇总了草类植物病原真菌1592种，其中侵染禾本科、豆科和菊科植物的真菌分别为332种、561种和248种，分别占草类植物病原真菌总数的20.85%、35.24%和15.58%。其中：担子菌中的锈菌和黑粉菌占42.09%，半知菌占36.75%，子囊菌中的白粉菌占4.46%，鞭毛菌中的霜霉菌占4.40%。

3. 1998年由中国农业出版社出版了任继周主编的《草业科学研究方法》，其中第十一章为牧草病害的调查与评定

该章根据牧草病害的特点，系统介绍了牧草病害的田间取样方法、病情分级标准、产量损失评价等方面的内容。

4. 1999 年南志标、王彦荣、李春杰、聂斌、刘照辉完成的“牧草病害及其防治”获国家科技进步奖三等奖

病害调查。对我国六省（市、区）的牧草病害进行了普查或专题调查，共发现危害新疆饲用植物的霜霉菌 6 属 37 种，其中新种 1 个，国内新记录 10 个，新寄主记录 8 个；沙打旺真菌病害 10 种；成功地将草原调查的样线法首次应用于苜蓿丛枝病的调查；明确了截至 1994 年我国已有 929 种（含变种）真菌在 15 科 182 属的 903 种牧草上引致 2831 种病害，编写出版了《中国牧草真菌病害名录》。

牧草种带菌研究。确定了柱花草种子健康检验方法；查明了 3 种柱花草和沙打旺种带真菌和带菌部位；明确了沙打旺和哈马他柱花草种子和幼苗的重要病原真菌；发现种子健康状况与产地秋季湿润度（K 值）呈负相关，建立了种带真菌与 K 值的线性回归方程式；证实了种子间混杂的植株残体是传带病原真菌的重要来源。

病害损失测定。发现苜蓿、红豆草、箭舌豌豆共 3 种牧草受锈苗侵染后，叶片中营养成分含量降低；箭筈豌豆根系生长、根瘤数量及其干重显著减少；红豆草和箭筈豌豆叶片中氨基酸总量降低，但蛋氨酸含量显著上升；丛枝病显著降低苜蓿产草量。

牧草病害防治。在国内，首次全面系统地研究了牧草病害的综合防治技术。提出了适用于处理小批量柱花草种子、可同时防治种带真菌和破除硬实的物理防治技术；试验证实了不同种牧草混播是防治苜蓿和红豆草病害、提高产草量的有效措施；开展了杀菌剂种子处理的系列研究，证实杀菌剂拌种可提高苜蓿等 8 种牧草的种子质量，改进草地建植，增加产草量；明确了红豆草杀菌剂拌种增产效果与种带真菌、根部入侵真菌的关系；研究了杀菌剂拌种与牧草种子活力的关系；评价了苜蓿地方和引进品种的田间抗锈性。

5. 2003 年海洋出版社出版了南志标和李春杰主编的《中国草类作物病理学研究》

该书是 1998 年在兰州召开的中国草原学会牧草与草坪草病害学组成立暨首届学术大会的论文集，全书包括会议文件、病害区系、牧草病害、草坪草病害、抗病育种及其他等 5 大部分，共收录论文 29 篇。重点介绍了我国内蒙古、甘肃、宁夏、新疆等主要牧区的牧草病害；我国主要的牧草、草坪草病害及在抗病育种，丛枝菌根菌、内生真菌，禾本科植物根际联合固氮菌等方面的进展与成果。

6. 2008 年农业出版社出版了任继周院士主编的《草业大辞典》

收录了我国主要草类植物病害 340 余种，包括各种病害的为害、分布、寄主范围、症状、发生规律及其主要防治措施等[1]。

7. 2009 年《沙打旺黄矮根腐病（*Embellisia astragali*）的研究》获得全国百篇优秀博士学位论文

该论文系统研究了沙打旺黄矮根腐病，发现了一个新病害及其病原真菌新种，揭示了该病害对沙打旺草地早衰及染病牧草对家畜健康的影响[2]。该论文是我国草学首篇全国百篇优秀博士学位论文。

（五）国内外同类学科比较

1. 病害种类和病原研究

美国、新西兰、澳大利亚和欧洲对苜蓿、三叶草、草木樨、红豆草等人工栽培牧草病害的病原研究较为深入。与美国比较，我国在苜蓿属、披碱草属和羊茅属共3属牧草根部分离出的真菌分别为美国的25.4%、3.6%和8%。而我国的自然条件在某些方面比美国更加复杂多样，预示着我国牧草的根部病菌种类不少于美国。目前我国尚未对腐霉（*Pythium* spp.）、疫霉（*Phytophthora* spp.）、丝囊霉（*Aphanomyces* spp.）、线虫等豆科牧草主要根腐病原进行深入研究。

2. 病害发生规律研究

国外一旦发现重要的牧草病害，就对其越冬、传播、初侵染、再侵染、发病条件等方面进行细致的研究，在此基础上制定出科学有效的综合防治策略。而我国对草地病害的研究以病原鉴定和发病调查为主，对病害的发生规律和防治研究较少。

3. 牧草病害对家畜健康的影响

种植牧草的终极目标是提供优质充裕的牧草产品，牧草病害不仅影响牧草产量，而且很可能影响家畜的生长、繁殖与存活。感染褐斑病的苜蓿因香豆雌酚等类黄酮物质的大量增加，常造成家畜的流产、不育等。如新西兰发现 *Alternaria alternata*、*Myrothecium cinctum*、*Pithomyces chartarum* 等真菌中的玉米烯酮影响家畜的发情率、排卵率和受精率。我国是在沙打旺的一新病害上才开始此类研究，此病害为沙打旺黄矮根腐病，初步研究表明用感染此病害的沙打旺饲草饲喂小白鼠，小白鼠生长明显减缓，脏器发生病变[2]。从染病饲草中已分离鉴定出一种毒性较高的新化合物。禾草—内生真菌组合体产生对家畜有害的生物碱及其致病反应已有深入研究。

4. 牧草抗病育种

选育抗病牧草品种是防治病害最经济有效的措施。抗病育种一般经过种质资源收集与抗性评价后，通过田间或室内选择、辐射育种、杂交育种、细胞工程育种和转基因育种等方法培育出抗病品种。当前生产上利用的抗病品种绝大部分是通过常规育种完成的，虽然利用分子生物技术选育抗病品种是目前育种研究的热点，但尚未培养出牧草抗病新品种。

抗病种质资源收集及传统育种。美国科学家通过活体叶和茎的接种技术，于1967年从Delta品种中筛选出了第一个抗三叶草核盘菌的苜蓿种质材料。1990年，美国的48种苜蓿病害中危害最大的21个病害均已有相应的抗病品种，并于1993—1994年发布了221

个苜蓿育成品种，可以充分满足全国不同自然气候条件及栽培条件对苜蓿品种的要求。到目前为止，国外已育成多个抗霜霉病的苜蓿品种，例如 Saranac、Pacer、Thor、WL307、Narragansett、Umta、Minn. Syn.、M. Utah Syn.、J–2 等。国际热带农业中心（CIAT）1984 年共收集柱花草种质 2961 份，其中热带美洲 1941 份、东南亚 5 份、热带非洲 36 份，获得了一大批珍贵的抗病种质如 CIAT184、CIAT136、CIAT2950 等，并引种到许多国家，经进一步评价筛选，形成了引入我国的地方品种。如我国现推广的抗病品种热研 2 号柱花草、秘鲁的 Pucallpa 即源于 CIAT184；巴西的 Bandeirant 和 Mineirao 分别源于 CIAT2243 和 CIAT2950；哥伦比亚高抗品种 Capica 源于头状柱花草（*S. capitata*）。

病菌的分子生物学检测与转基因牧草育种。Kelemu 等用 RAPD 及 RFLP 对 127 个柱花草胶孢炭疽菌分离菌株的地理起源，并划分了这些菌的致病型。澳大利亚科学家用 APD、RFLP、STS 构建柱花草的遗传图谱，目前约有 200 个基因位点在图上得到定位。1994 年，Sarria 等采用农杆菌介导的方法，用农杆菌 EHA101 菌株转化柱花草的叶，在卡那霉素和膦丝菌素的抗性培养基上筛选，获得了抗性再生植株，经过检测证明靶基因已整合到植物基因组，转化植物自交后代中呈孟德尔式遗传。2001 年，Kelemu 等将外源基因水稻几丁质酶基因成功转入圭亚那柱花草 CIAT184，转基因植物表现出对柱花草病菌的抗性，转基因植物自交后代的分离比符合孟德尔式遗传，表明此基因为单个主效基因。转基因抗炭疽病柱花草的再生体系遗传转化体系也已建立。

5. 生物防治

国外尝试用有益生物控制牧草病害，如将内生真菌（*Acremonium* sp.）的一些菌株混入种子包衣剂，防治三叶草根结线虫或茎线虫、黑麦草和高羊茅叶斑病和猝倒病。我国研究发现根瘤菌包衣剂能有效控制苜蓿苗期病害[3]。

（六）展望与对策

1. 草地植物病理发展的战略需求、重点领域及优先发展方向

战略需求：培育抗病牧草和草坪草品种，打破国外品种垄断的局面。

重点领域：将现有的草地病害的防治技术应用于牧草生产和草坪管理实践之中。另外，借鉴国外先进的技术，缩短我国与发达国家在草地病害防治中的差距。

优先发展方向：草地病害的基础研究是全面提升我国草地病理学的根基，否则不可能在抗病品种、重大病害防控等领域取得突破。优先发展方向有：主要牧草的重要病害的病原鉴定、病原物在同一寄主或多个寄主以及在不同地理区域传播的机制、草地病害的防治方法等。

2. 未来几年发展的战略思路与对策措施

1）建立完善、可持续发展的草地病害防控体系。首先在牧草主要产区设立草地病

害检测站，及时检测病害的发生动态，一旦病害发生达到了防治阈值，积极向草业主管部门发布预警信息。其次，增加草地保护技术员，提高培训质量，使其及时掌握病害发生动态，指导农牧民科学防治草地病害。再次，草地病害科研部门密切结合生产实际，了解并集中研究限制牧草生产的重要病害，编写各类牧草病害识别和预防通讯简报，及时提供给牧草生产者。最后，建立国家级草地病害管理信息平台，构建草业管理部门、科研机构、草地生产单位和牧草产品经营单位互动交流的畅通渠道。

2）密切监视国外草地病害的发生动态，预防危险性病害的传入。第一，通过查阅文献和实际考察，掌握国外发生的牧草病害，向国家病害检疫部门提供准确信息，供海关堵截危险性病害时参考。第二，对于国外引进牧草品种的试验与繁育基地进行密切检测，及时发现可疑病害，防治危险性病害的蔓延。

3）加大重要草地病害的研究力度，查明其发生、流行和危害规律。进一步查明我国重要草地病害的种类，掌握其发生规律，研制切实可行的防治方法，将病害损失控制在经济允许的范围之内。

4）培育出一批具有我国自主知识产权的牧草抗病新品种，满足生产需要。利用传统育种、转基因育种、航天育种等手段，培育出一批抗病性优良的、具有我国自主知识产权的牧草新品种，从种子源头提高牧草产量和品种。

5）研究染病牧草对家畜生长、繁衍及其奶肉产品的影响。分析、检测、鉴定染病牧草的毒素种类，确定对畜牧生产有重要影响的草地病害种类，以提高牧草品质，减少畜产品对人的危害。

三、草地虫害发展研究

（一）草地虫害学科发展历史回顾

2000年以来，草原蝗虫灾害连年大面积暴发成灾。据农业部《2010年全国草原监测报告》估算，全国草原虫害危害面积为$1.807 \times 10^7 hm^2$，其中严重危害面积$1.54 \times 10^7 hm^2$，主要是草原蝗虫、草地夜蛾及叶甲类害虫等。由于其分布广泛、危害持续，给畜牧业生产造成了巨大的经济损失。同时，它还严重威胁着草地生态环境、畜牧业生产以及广大牧民群众的生产生活。

近年来，针对我国草原害虫防治所存在的技术需求，科技部等部门先后对草原重要害虫防治研究立项支持。通过这些项目的实施，我国建成了一支由国家、省级科研单位和大学组成的专业科研队伍和研究平台，在草原害虫监测预警技术、基于生物多样性保护利用的生态调控技术、草原害虫生物防治技术等方面的研究取得了一系列的重要进展，研究建立了重要害虫的综合防治技术体系，并在草原生态系统治理中发挥了重要作用。

（二）草地虫害本学科发展现状及动态

1. 草原害虫综合治理科研队伍

草原害虫防治科研工作在我国虽然起步较晚，但是草原保护学科采取了多层次、多方位的人才培养模式，目前已形成比较完整的人才培养体系。我国草原害虫防治科研人员主要分布于中国农业科学院、农业高等院校和中国科学院三大系统。中国农业科学院植物保护研究所、草原研究所均有专门从事草原虫害研究的研究室。全国高等院校中，中国农业大学等 50 家涉农院校设有害虫防治专业和草学专业。中国科学院动物研究所和上海植物生理生态研究所等也设有昆虫科研机构。据不完全统计，目前我国从事害虫综合治理研究的科技人员约 4000 人，每年培养研究生 800 人左右。

2. 草原害虫综合防治体系建设现状

草原害虫综合防治体系建设是草原害虫综合防治发展的基础。经过几十年的发展，我国草原害虫综合防治体系日臻完善。21 世纪以来，由于气候变暖、草原退化和天敌减少，草原鼠虫灾害频发，影响了草原畜牧业可持续发展。党中央、国务院高度重视草原保护建设工作，出台了一系列政策和法律法规，实施了一批重大草原生态工程项目，集中治理生态脆弱和严重退化草原，大力推行草原管护制度。2001—2010 年，中央财政共拨付内蒙古等 13 省（区）和新疆兵团草原虫害防治补助资金 6.2 亿元。2011 年中央明确提出要“加大草原鼠虫害防治力度”，财政部也将草原鼠虫害防治补助经费增加到 1.35 亿元人民币。各级农业部门认真贯彻落实国家各项政策，草原虫害防治工作体系机制不断完善，防治技术日趋成熟，防治能力不断提高，有效遏制了虫害蔓延趋势[4-5]。

3. 草原害虫监测技术的发展现状

草原害虫综合防治专家深入分析影响草原害虫发生的生物和非生物因子，尽力阐明各项因子对害虫发生可能的贡献率，建立各种害虫预测预报的专家系统和模型，给草地管理者和经营者提供理论和技术援助。同时，借助一些最新技术成果，用于草原虫灾预测预报当中，为有效预测草地害虫发生提供帮助。例如，综合应用 3S 技术全面调查和评估每种害虫发生地的景观特征及影响其发生的关键因子，建立适用于全国不同草地类型的虫害实时监测及预警网络系统；对不同生态地理区成灾的害虫的种类、发生期、发生量、发生程度及发生强度进行长期追踪监测，制定出成灾害虫种的中长期测报技术和具体防治对策。重视全球气候变化对草地害虫预测预报工作带来的挑战，深入研究气候变化直接或间接对草地害虫空间分布格局、数量动态和发生时间的影响，研制长期的、针对性强和准确的计算机预警模型，对草原害虫的发生时期、发生程度以及发生范围等做出精确预测，为科学管理决策提供依据。

4. 草原害虫防治技术的发展现状

1）我国草原虫害的特点。危害草地的害虫主要有蝗虫、黏虫、草地螟、草地夜蛾、象甲、蓟马类、蚜虫等[6]。其中蝗虫多发生在新疆、内蒙古等干旱、半干旱区草原上，分布范围较广。草原毛虫大多发生在青海、西藏、甘南、川西北青藏高原牧区。发生虫害的草场，有 50% ~ 80% 的牧草被害虫吃掉，虫害严重时能将地表牧草全部吃光。草原虫害发生的轻重，除受发生区上一年成虫基数的影响外，还受当年该区气候条件、食物资源、种间竞争、环境因子等因素的调节和制约[7]。

2）生态调控技术。以经济效益和生态效益为目标，努力做到经济、有效和安全地控制草原害虫，将害虫的管理纳入到整个草原管理的工作中去。通过加强草地管理、改进畜牧业经营方式，使退化草地得以恢复，防止未退化草地过度放牧和退化，使草原环境适于牧草的生长而不适于害虫的大量发生，是预防草原害虫的根本途径[8]。

3）生物防治技术。在常规草地害虫的控制中，积极探索与环境相容的生物控制技术尤为重要。草原害虫的天敌资源极为丰富，当前，在控制草地害虫实践中，先后实施的各种害虫天敌生物防治剂主要有昆虫病原线虫、寄生蝇、白僵菌、绿僵菌、蝗虫微孢子虫、苏云金杆菌、痘病毒、昆虫信息素、牧鸡牧鸭、粉红椋鸟等，它们在限制草地害虫种群密度中具有良好效果。

（三）草地虫害学科重要研究成果

1. 草原虫害监测技术

1）WebGIS 在草地鼠虫害监测中的应用。应用 WebGIS 对草地鼠虫害的监测已经成为一种趋势。杨永顺等[9]将 3S 技术与 WebGIS、Internet 技术相结合，设计了草原监测系统。该系统以网络技术为核心，以 ArcGIS Server 和 J2EE 技术为手段，以 SQL Server 为后台数据库，将关系数据与空间数据进行有机结合，开发了由监测子模块、防治子模块、代码维护子模块等组成的草原管理信息系统。这为 WebGIS 对草地鼠虫害监测的研究，实现草地鼠虫害管理的集成化、数据传输的网络化、鼠虫害信息传播应用的大众化等奠定了基础。

2）基于 PDA 的草原鼠虫害数据采集与 3S 技术、网络技术相结合的综合系统开发。为提高草原鼠虫害监测的规范性、数据采集效率和数据传输的实时性，武守忠等[10]以 C 语言为开发工具，将 PDA、GPS、XML 等技术综合集成进行基于 PDA 的草原鼠害数据采集系统的研发，开发出空间采集法、定点采集法、定面积捕尽法和夹日采集法等应用工具软件，实现了草原鼠害数据采集的半自动化，改变了传统野外数据采集方式，提高了工作效率。但是基于 PDA 的草原鼠害数据采集系统只是为鼠害的监测提供了一套方便的工具，而在此基础上还需利用网络技术、3S 技术、数学模型等进一步开发鼠虫害监测数据管理信息系统、鼠虫害数据处理及预警系统、鼠虫害防治决策支持系统等，以形成基于现代信息技术的草原鼠虫害预警及信息管理系统，全面提升整个草原鼠虫害防治工作的技术水平及工作效率。

2. 绿僵菌防治蝗虫技术

LUBILOSA（Lutte Biologique Contre les Locustes et les Sauteriaux）历经10多年的努力，开发了绿僵菌防蝗制剂及其使用技术。研究表明，绿僵菌对蜥蜴、鸟类、哺乳动物和人类安全，对天敌昆虫步甲、寄生蜂、寄生蝇的寄生率低。非洲、澳大利亚、巴西等国家已经大规模地利用绿僵菌进行蝗虫防治，我国应用其防治草原蝗虫和东亚飞蝗也取得了良好的效果。对比化学农药，绿僵菌杀虫速度较慢，但是绿僵菌孢子在野外条件下可以长期存活，持续侵染蝗虫，这种长效性是化学农药无法比拟的。

中国农业科学院植物保护研究所张泽华研究员及其率领的科研团队，在国家“948”项目的资助下，于1996年引进国际生防所对蝗虫敏感的绿僵菌特异菌株及生产、加工成套技术。用十余年的时间，研究了绿僵菌的应用基础；消化、吸收和改进了引进菌株的生产加工技术，已达到工厂化生产阶段；经国家外专局批准建立了绿僵菌生物防蝗基地；研制高浓度油剂、饵剂、可湿性粉剂等剂型以及喷洒专用设备，成功进行野外试验[11]，推广应用面积累计达近亿公顷。这个科研团队同时进行筛选其他绿僵菌高毒力菌株、利用航天诱变选育生物防治优良菌株[12]、绿僵菌生物农药生产采用的液固双相发酵工艺的改进[13]、绿僵菌疾病流行学及致病机理[14]的研究等工作，并取得突出成绩。

（四）本学科与国内外同类学科比较

欧美发达国家高度重视害虫治理新理论与新技术的研究工作。进入21世纪，随着以生物技术和信息技术为代表的第二次农业技术革命的到来，害虫综合防治的理论和方法得到了进一步的发展。近年来，基因组学和蛋白质组学的发展和突破又推动了分子生物学和生物技术的迅猛发展，并衍生出抗虫转基因植物、转基因昆虫、杀虫基因重组微生物、作物害虫的分子检测与诊断技术，并交叉融合形成分子昆虫学等学科[15]。地理信息系统、全球定位系统等信息技术和计算机网络技术的应用，提高了对害虫种群监测和预警的能力和水平[16]。这些技术的突破和新学科的产生，为现代草原昆虫学注入了新的活力，正引领害虫防治学的发展方向。与发达国家相比，我国草原害虫综合治理的基础研究还较为薄弱。我国对虫害的中短期预测取得了一定成绩，但大尺度的长期预报还研究得不够。在信息的传递和发布手段上，发达国家已实现计算机网络化，把虫害的有关信息作为服务资源，通过互联网传递给农户。此外，我国在害虫分子检测技术、转抗虫基因植物、转基因昆虫的研究与应用等领域的研究工作与国外也存在较大的差距。

（五）展望与对策

1. 问题与挑战

近些年，随着气候变暖和异常现象的增多，许多虫害的生存环境与生存方式发生了变化；加之我国草业蓬勃发展，牧草种植面积不断扩大，牧草虫害问题日益突出，防治工作形势严峻。这已引起我国政府和社会各界的高度重视，现已提出加大防治力度的方针，并逐步将草原虫害防治工作纳入草原生态建设、京津风沙源治理、退牧还草等项目中；同时，农业部、各级防治机构及牧草植保专家通力配合，调查研究牧草主要害虫种类及其生物学、生态学特性，积极应用各种新技术、新手段于牧草虫害监测预警工作中；在牧草害虫大发生时期，各部门联查联防，宣传普及专业化防治技术，提升防控能力，推进草原生态保护建设工作；同时摸索生物生态防治方法及其在牧草虫害防治中的应用水平，不断提高生态系统自我修复能力。但是，迄今为止，牧草虫害防治工作仍旧面临诸多困难。比如，造成危害的害虫种类多，发生范围广；防治害虫的设备和技术落后，用药水平差；缺少防治资金，监测预报水平相对落后等一系列问题。

2. 发展对策

1）建立牧草病虫害监测预报网络。在全国牧草产区，建立省（自治区）- 市 - 重点县 - 农牧民测报员的四级草原鼠虫害监测预警网络体系。草原鼠虫害监测预警体系的建立，可以缩短测报时间，减少漏报、盲报、迟报现象，基本实现对草原严重鼠虫害地区的全方位监控，确保信息畅通，为防治决策提供可靠依据。同时，可借助一些最新技术成果，用于草原虫灾预测预报当中，为有效预测草地害虫发生提供帮助。

2）制定适当的经济阈值（亦即防治指标）。由于草原地广人稀，环境复杂，因此防治指标的制定不仅要根据植物的忍受和补偿能力，还要考虑到牧场的利用率和重要性。传统的防治指标仅以昆虫密度为依据，不少地方甚至连这个指标也不十分明确，这是亟须改变的状况。

3）保护和利用天敌的同时，合理使用化学农药。化学防治是对草地害虫行之有效的防治措施，特别是在害虫大发生时期。在不得不使用农药时，应选择高效、低毒、低残留的制剂。草原害虫大多生育期较短，要做到适时用药，缩短用药期，减少用药量。

4）建立牧草虫害可持续控制技术体系综合评价指标体系及评价方法。牧草害虫的发生与防治，既要研究重要害虫种群的生物学特性，又要研究群落的营养结构以及由于各种内外因素所引起的演替。只有弄清所有这些方面的特性、相互作用方式以及它们之间质能转换的定量关系，才有可能揭示害虫消长和害益转化的奥秘，从而因势利导，化害为利。

5）加大科研开发力度，推广牧草虫害防治示范区，积极向农牧民宣传和推广科研成果。我国牧草植保专家经过多年系统调查和研究，已摸清一批重大牧草害虫发生为害的特点，揭示了其灾变规律与机制，研究总结出其监测预报和综合防治配套技术，其中有一大批重大虫害研究项目的科技成果达到国内领先或国际先进水平。

6）加强产、学、研、企业的联合，发挥相关部门的优势，充分利用各部门在牧草害虫防治工作中的作用。

7）加大政策扶持与资金投入，专题立项研究、协作攻关。草原在促进经济社会可持续发展和维护生态、粮食安全方面的战略地位越来越重要，牧草保护建设的政策支持体系日臻完善。牧草虫害监测、防治示范以及综合治理体系研究均需要有关部门高度重视，加大政策扶持与资金投入，专题立项研究、协作攻关。

3. 重点领域与方向

1）草原害虫预警监测技术。将草原虫害的监测技术、预测技术、计算机网络技术和信息管理技术有机地结合起来，利用先进的遥感遥测系统、全球定位系统、地理信息系统、人工智能决策支持系统和计算机网络信息管理系统，对病虫害发生为害动态进行监测、预测和防治决策。

2）草原害虫综合治理技术：草原生态调控技术，天敌保护利用技术，有害生物行为调控技术。

四、草地鼠害发展研究

（一）草地鼠害概述

草地鼠害是草地保护学领域的新型分支学科，主要研究草原鼠类发生、分布及其防治以及可持续管理措施。草地鼠害是草原生态环境的主要有害生物之一，对草地植被的地下和地上部分均可造成危害，引起植被死亡，其大面积发生可造成草原生产力下降，加剧草原沙化退化，影响牧区畜牧业生产和农牧民增收。老鼠属哺乳类啮齿动物，其种类繁多，全世界约有 2500 种，我国有 180 余种；鼠类繁殖力强，数量多，居哺乳动物类群之首。鼠害种类多，分布广泛，危害严重，对草原建设和保护构成了严重威胁。鼠害是个生态学问题，也是个社会问题，鼠害问题是农业生产植保领域中客观存在的问题。20 世纪 60 年代初期，我国少数省（区）发生鼠害，个别地区严重。70年代以来，农牧区鼠害逐渐加重，给全国农业生产造成了严重损失。80 年代以来，鼠患更加突出，害鼠密度一般在 10% 左右，全国每年损失粮食达 150 亿 kg。

（二）草地鼠害发展历史回顾

20 世纪 80 年代开始提出鼠害治理阶段，人们认识到在鼠类的危害经济阈值之下容忍鼠类的存在，使用药物已经开始从剧毒药物转向低毒缓效药物（如抗凝血剂）。农业部全国植保总站 1982 年将农田鼠害问题纳入植保工作的重要内容之一，提出全国开展植保工作，其内容包括病、虫、草、鼠四大方面，统筹考虑。并在“七五”规划中，将“农牧区鼠害综合防治技术研究”列入国家经济贸易委员会的重点推广项目、国家科学技术委员会的重点科研项目、中国科学技术协会的主要科普项目，教育部门的有关农业院校也开始增设啮齿类的教学内容，全国开展鼠害防治工作。以后又将“农牧区鼠害综合治理技术研究”、“农田重大鼠害发生规律、控制对策与技术研究”分别纳入“八五”、“九五”科技攻关计划。从此，我国农业鼠害学的研究和发展经历了一个漫长的发展历程，也取得了较好的发展成就。20 世纪 90 年代末发展到鼠害管理阶段，开始侧重环保意识，治理技术以可持续的无公害生态治理技术和不育控制技术为代表。生态治理技术通过一系列生态管理措施，在免除药物的条件下实现对鼠害的持久控制。而不育控制技术中的免疫不育控制技术可能成为未来高效灭鼠的典范。通过生物学技术将特异性的高传染性基因与特异性的免疫不育基因整合，可迅速、高效地控制鼠类。近年来，草原鼠害防治工作，特别是草原鼠害生物防治取得显著成效。

（三）草地鼠害研究发展现状及动态

鼠害是草原的重要生态学问题。草原鼠类啃食及频繁的挖掘活动对植被的危害尤为严重。重灾年份牧草损失高达 44%，一般年份亦有 15% ~ 20%。20 世纪 90 年代以来，鼠害爆发频繁造成严重的草原资源损失，同时加剧了草原植被的退化与沙化，草原鼠害成为我国可持续畜牧业发展和草原生物多样性保护的重要限制因子之一。2008 年，全国草原鼠害发生面积 4067 万 hm^2，但各地的鼠情发生状况不平衡。其中青海、四川、甘肃省的青藏高原区黑唇鼠兔（*Othotona curzoniae*）和高原鼢鼠（*Myospalax aileyi*）危害面积约 1333 万 hm^2，是当地的主要生物灾害，造成大面积的草原植被退化、水土流失、生态环境恶化及牧民生产水平和经济收入下降。新疆黄兔尾鼠（*Laugurus luteus*）、鼹形田鼠（*Ellobius tancrei*）、大沙鼠（*Rhombomys opimus*）共同形成草原主要害鼠，其危害面积达 380 万 hm^2。内蒙古大沙鼠、布氏田鼠（*Lasiopodomys brandtii*）和草原鼢鼠（*Myospalax aspalax*）危害程度有所加重，危害面积约为 5000 万 hm^2[17]。草原鼠害主要发生在青海等 13 个省（区）和新疆生产建设兵团，其中在青海、内蒙古、西藏等 6 省（区）草原鼠害危害面积合计 3422.7 万 hm^2，占全国鼠害危害面积的 88.5%[18]。高原鼠兔、大沙鼠、高原鼢鼠、长爪沙鼠、黄鼠、东北鼢鼠、鼹形田鼠、黄兔尾鼠、布氏田鼠是草原主要危害鼠种，占鼠害危害面积的 84.9%。其中，高原鼠兔危害面积最大，占全国草原鼠害危害面积的 44.2%。大沙鼠、高原鼢鼠和黄兔尾鼠的危害面积较上年略有增加，长爪沙鼠、黄鼠和布氏田鼠的危害面积较上年略有减轻。2010 年，新疆草原鼠害发生，危害面积达到 558.38 万 hm^2，发生区域涉及全区 14 个地州。黄兔尾鼠和大沙鼠种群数量保持较高的数量水平，具备鼠害大面积发生的条件[19-20]。

（四）草地鼠害重要研究成果

1. 鼠害防治措施的转变

1985 年《中华人民共和国草原法》颁布，根据草原法，农业部于 1987 年和 1988 年先后出台了《草原治虫灭鼠实施规定》和《草原鼠虫害预测预报规程》，使草地治虫灭鼠工作有法可依，有章可循。防治方法也由过去单一的化学灭治，发展成为生物防治（如C型肉毒杀鼠素、招鹰灭鼠）、化学灭治与生态治理（灭鼠后，种植优质牧草，改变草地生态环境，招引鼠类的天敌控制鼠害发展）的综合防治措施，取得了显著的经济、社会和生态效益。

我国草原鼠害控制以前应用剧毒急性灭鼠剂，后因对环境危害大，严重产生二次中毒，引发鼠类天敌急剧下降，对此国家取缔违禁急性剧毒鼠药，后改用熏蒸剂、抗凝血灭鼠剂和生物灭鼠药C、D型肉毒素梭菌等化学试剂防治鼠害。如甘肃省山丹县农业技术推广中心自主研发的“无公害灭鼠烟雾剂”，无毒无公害，不产生二次中毒现象，能有效地控制鼠害、保护生态环境。中国科学院亚热带农业生态研究所将第一代抗凝血灭鼠剂10%特杀鼠2号应用于防治藏北高原鼠兔并取得较好效果。近年来，我国对抗凝血灭鼠剂有了更进一步研究，广东省农业科学院植保所筛选出的增效抗凝血灭鼠剂3.75%杀鼠醚，减少了抗凝血剂的使用量50%，而且适口性显著提高、灭鼠效果更好[21]。美国等欧美国家则大力推荐大隆（Bcoum）、鼠得克（Dnacoum）、滨敌隆（madiolon）等一次投毒的第二代抗凝血剂，作用迅速且毒害微，但合成难、价格高，对我国城乡群众性灭鼠难以推广应用。另外，赵忠栋在参阅了“无毒灭鼠组合物”（授权公告号CN1263383C）以及“一种灭鼠剂”（授权公告号CN1306870C）两项灭鼠剂专利基础上，利用水泥可使老鼠发生肠梗阻而膨润土吸水膨胀后可迅速将老鼠致死的原理，将水泥和膨润土进行优化组合，研制出了“高效无公害灭鼠剂”。总体上，化学防鼠还是目前防治鼠害的主要手段，尤其利用安全慢性的敌鼠钠盐、特杀鼠，氯鼠酮、杀鼠迷、嗅地隆、大隆等，只要坚持科学投饵，鼠害完全能够控制，既经济又实用。但是，化学防治法虽收效快，成本较低，但对生态环境破坏严重，对人畜危害较大。

生物防治法包括微生物灭鼠和天敌灭鼠等。微生物灭鼠利用某种微生物给鼠接种使其产生某种疾病，在鼠类种群中传染引起鼠类大量死亡，从而达到灭鼠的目的，如含量为0.2%的C型肉毒素毒饵、Tomas等将肉孢虫属毒素应用于鼠害防治的毒饵。天敌控制是有意识地利用狐、虞、鼬、蛇等害鼠天敌捕捉和威慑作用来控制鼠害，如设立鹰墩和鹰架为凛及隼形目提供落脚点，为其避敌及就近觅食提供有利条件，从而达到防治鼠害的目的。采用生物措施防治草原鼠害，减少了化学农药对环境的污染和二次中毒现象，对草地生物量的提高、土壤有机质含量的增加、草地生态环境的改善有着重要作用。

生态学防治是通过破坏鼠的栖居环境和食物条件，达到减少和控制鼠害的措施。可采用补播、浅耕翻、灌溉、施肥、划区放牧、围栏封育、调整载畜量等措施改良草地，防止草地退化，使之不利于鼠类栖息。这些措施通过间接改变鼠类生存环境，使其繁殖减少，死亡增加，从而达到降低鼠类密度，甚至从长远角度根除鼠害[22]。陈立坤等于2002年开始对鼠害较严重的地块围栏封育，撒施细碎的牛羊粪，采取免耕的方法，用钉耙划破草皮，撒播鼠类既厌食又适合高原地区生长的优良禾本科牧草川草1号老芒麦、草地早熟禾、多年生黑麦草、紫羊茅、披碱草，再用钉耙覆盖种子或用牛羊践踏覆盖种子，从而调高鼠类厌食的优良禾本科牧草比例、牧草高度、盖度，明显降低了鼠类种群数量。现已在川西北草地大面积推广。

鼠用植物不育剂是一种新型的防治鼠害的生物药剂，与化学灭鼠剂不同的是，它有很强的节制生育的功能，使雌雄两性的生殖器官遭受严重的破坏，可降低鼠类数量 90% 以上，达到控制鼠群数量、防治鼠害的效果。无公害，不会产生二次性中毒，对鼠类的天敌动物无毒害，对野外生态环境不会造成破坏。这项技术应用后，能控制森林鼠害种群密度增长，维持自然界的植物链，维持生态平衡，可广泛应用于森林、草原、农田鼠害防治。然而，鼠害不育剂控制技术受到许多因素限制，在国际上发展了已有 30 多年，但至今仍未有一种制剂被广泛认可并具体地运用到野外鼠害的防治工作中来。

2. 鼠害预测预报技术的提高

我国现有 270 个草原鼠害的测报站（网、点），应充分发挥这些网点的作用，建立起能够及时准确的测报鼠害数量变动趋势的监测网络。决策管理部门还应建立可直通重点灾害区域的预警体系。这个系统不但可及时掌握害情、发生范围、做出损失评估、防治经济阈值分析，而且还可以通过专家辅助决策选出最佳防治方案。目前，草原各级管理部门已基本实现计算机办公自动化和网络化。

（五）草地鼠害国内外同类学科比较

我国鼠类有关学科正处于发展阶段，在鼠类种群爆发机制、气候与鼠类数量波动关系、鼠类生理生态、鼠类防治方面虽然取得了显著成果，并接近于国际先进水平，但总体上有较明显的差距。

多年来有关鼠害防治，国内外普遍采取化学防治策略。人们曾长期使用天然物质如红海葱、马钱子碱等灭鼠，以后逐渐使用一些新单质和化合物如黄磷、氰化物、氟乙酸钠、氟乙酰胺、四次甲基二矾四胺（424）等急性杀鼠剂。20 世纪 40 年代末，人们开始使用抗凝血剂（Anticoagulant rodenticides）灭鼠，目前广泛应用的抗凝血类灭鼠剂，按化学结构可分为 4- 羟基香豆素（4-hydroxycoumarins）和茚满二酮伽（indandiones）两类。

不育控制与传统化学灭杀策略截然不同，前者是通过降低种群的生育率，后者采取增加种群的死亡率，但都是为了达到降低种群数量的目的。不育控制的概念最早由 Knipling（1959）提出。20 世纪 80 年代中后期以来，不育剂的研究活跃起来，并有两种不育剂已形成商品化，在美国、加拿大、印度等国家已广泛用于野鼠的控制。20 世纪 90 年代初，免疫不育技术（Immuno-contraception）渗透到鼠类不育控制领域，目前已形成几种鼠类的不育疫苗[23]。

国内方面，棉酚和醋酸棉酚作为一种雄性不育剂，最早被国人探索用于人类的生育控制。但由于其毒性较大，而未能投入临床应用。于是，20 世纪 80 年代初，人们将它的应用重点放到鼠害控制上。如前所述，雌性激素类不育灭鼠剂和雄性不育制剂这两类室内科研试验结果表明，较好的控制鼠害制剂如果一旦运用到野外，其结果往往是不理想的，因此它们均未发展成鼠害不育控制的实用技术。此外，国内有许多单一抗雄性生育的灭鼠制剂及激素类不育灭鼠剂的专利，如 α－氯代醇类圈，棉酚类、更昔洛韦、雷公藤氯内酯醇等，它们的野外实验有效性尚待确证。其中不少专利中的组方均为复合组方，成本普遍较高。由于我国中医药事业的深厚基础，人们已研究出了许多中药在抗生育方面的药理作用，如雄性不育作用的雷公藤、昆明山海棠、绵根皮、苦参、蛇床子等，雌性不育作用的莪术、紫草、芫花、牛膝、牡丹皮等。将这些抗生育活性的中药应用到防治鼠害方面，应多加强实际应用方面的研究。另外，前已说明将人的固醇激素类抗生育制剂应用到灭鼠领域对我国的生态环境或将造成严重破坏，因此，不具有可行性。2000 年以来，国内开始探索将免疫技术应用于抗生育方面，董志炜等评价小鼠口服猪卵透明带 DNA 避孕疫苗 pVAXI-pzP3a 壳聚糖纳米微粒，证实口服该疫苗后能诱发生殖道黏膜免疫反应、发挥抗生育作用并对卵巢结构无影响，这或为今后抗生育制剂的一个发展方向。

（六）草地鼠害展望与对策

草原鼠害问题一直受到各级政府高度重视，鼠害综合治理研究多次被纳入国家科技攻关计划。科研人员曾在内蒙古草原、青海高寒草甸等牧区，对草原鼠类种群爆发成灾规律、预测预报方案和综合治理开展了长期定位研究，研制成功了新型杀鼠剂及其配套使用技术，提出了鼠害综合防治对策，并进行了大面积的技术示范与应用推广研究；基本摸清了草原鼠害的成因，并提出了以生态治理和生物防治为主的草原鼠害综合治理对策。

1. 问题与挑战

当前草原鼠害研究及防治比较突出的问题和出现的新情况主要表现在以下几个方面。

1）缺少鼠类生物学特性有关资料。以生态为基础的鼠害治理措施已经成为各国鼠害治理基本理念。在此条件下，研究鼠类生长发育、取食危害以及其发生规律、预测预报技术和治理策略将是草原鼠害学科发展的重要任务。

2）合理调整“鼠—畜—草”三者关系。目前，我国多数地区草原害鼠的控制手段比较单一，且多为应急措施。当鼠类数量较低时，它的危害性往往容易被忽略，人们直到数量高发时才组织大量的人力和物力突击灭杀，结果并不能有效地制止害鼠的“爆发”。药物灭杀确实能在较短时间内把鼠密度降下来，特别是已出现鼠害种群“爆发”的情况下，对于缓解鼠－草－畜之间的矛盾起了一定的作用。但长期依靠单一的防治途径已逐渐暴露出了一些问题。

2. 发展对策

改进现有的防治方法，采取多种方式以有害生物综合治理（IPM）为理论基础，从维护草原生态系统的稳定出发是我国持续发展草原畜牧业的迫切需要。

1）建立鼠灾预警系统。虽然我国现有 270 个草原鼠害测报站（网、点）组成的监测网络系统，但尚未充分发挥直接指导生产的作用。

2）在重点危害区域对典型鼠种建立综合治理科技示范区。根据当地主要害鼠的生理生态、栖息环境特点，采用行之有效的防治技术以示范形式推广。综合治理的技术措施以灾害回避策略为主。

3）合理使用灭鼠药物和用药安全。药物灭鼠既是现阶段防治的重要手段，也是综合治理的一个重要环节，但应讲究灭鼠时机与合理用药。

4）加强对牧民的技术指导和培训。在技术指导和培训中，应讲授易于被牧民接受并能够切实改善生产生活条件的实用技术，使综合防治观念深入群众，使群众主动实行轮牧和适度封育，减轻草场压力。在过度放牧的草场应采取必要政策，鼓励牧民降低放牧强度。同时加强草原改良的力度，使草原逐步转向良性循环。

5）开展综合防治。草原退化及草地鼠害是世界普遍存在的问题，各国都在积极探索解决的途径。与发达国家相比，我国鼠害防治方法仍处于减少害鼠为控制目标的阶段。对于害鼠防治的经济成本以及环境效应考虑不足，同时尚缺少对不同害鼠、不同环境乃至不同季节的控制措施的具体指导。而这方面在科技研究尚不能给予生产实际以强有力的理论支持，其原因是多方面的，其中研究队伍人员少经费、支持渠道少是最突出的。建议国家科技部门加强对草地鼠害综合防治和草原生态研究的支持力度，吸引优秀科技人才，以解决我国迫切需要。

五、草地毒草发展研究

（一）草地毒草研究概述

改革开放以来，我国畜牧业生产持续稳定增长，饲料生产和草地保护工作得到加强，《中华人民共和国草原法》的颁布使草原管理走上法制化轨道。随着社会经济的发展，人们对生态环境、草产品、畜产品等的要求也逐步提高，草地有毒植物的防除和利用受到社会各界人士的重视，为此政府组织广大农业、生物、医学、化学、毒理、畜牧兽医和草地科技工作者，围绕草地有毒植物及其危害开展了长期的调查研究和广泛的学术交流，在有毒植物种的鉴定、毒性的确证、毒素的分离提取、动物中毒的流行病学、临床诊断、毒草病理、毒理机制以及预防治疗等方面取得了很大成果。

（二）草地毒草研究历史回顾

中国有毒植物对畜牧业的危害由来已久，陈冀胜等主编的《中国有毒植物》收集了101 科 913 种有毒植物，较完整地介绍了有毒植物，并概括了有毒植物的化学成分及毒理学研究进展状况。史志诚等主编的《中国草地重要有毒植物》全面反映了我国草地有毒植物研究的全貌，并首次提出毒草灾害的概念。天然草地上优良牧草日趋荒芜、衰退，使得有毒植物得以滋生、蔓延，引起家畜中毒，造成严重的经济损失，严重制约着畜牧业的健康发展。在有些地区，毒草灾害所造成的经济损失甚至超过了自然灾害所造成的损失。

任继周和贾慎修早在20世纪50年代曾报道西北草地存在毒草，并呼吁引起重视。此后，相继报道了内蒙古鄂尔多斯市、青海海北州、西藏山南地区、宁夏固原地区、陕西榆林地区、甘肃河西走廊等地区有毒草中毒现象。随着毒草引起的损失日益增加，有关毒草种类、分布、危害等报道也在增多。21世纪以来，我国学者分别对于西藏、甘肃、青海、内蒙古等地区的毒草分布、危害及经济损失作了统计。2003—2005年，仅西藏阿里地区改则县疯草中毒致死的牲畜总数就为10.3万头，直接经济损失高达2034.95万元，平均每年经济损失达700多万元。截至2005年，阿拉善盟共有1.3933×10^6 ha草原的毒草对畜牧业形成危害，其中严重危害面积达6.76×10^5 hm^2，已造成13.44万头牲畜中毒。2006年7月，中央新闻联播报道内蒙古乌审旗草原出现1.133×10^5 hm^2“醉马草”，严重发生面积达8×10^4 ha。2006年12月26号，《新华网》报道拥有3.40×10^6 hm^2天然草场面积的伊犁草原毒草成灾面积已超过$7.333 \times 10^5 hm^2$，并呈现出蔓延之势。由此可见，毒草给我国草地发展带来的巨大经济损失。

（三）草地毒草研究现状及进展

1. 草地毒草基础生物学研究

目前，我国已鉴定并确认的有毒植物约132科1383种，但常见的引起家畜中毒的有毒植物约300种。毒草连片蔓延，引起家畜中毒并造成严重损失的约20多种，面积达2000万hm^2。据2008年统计，中国天然草地毒草危害面积约$3.33 \times 10^7 hm^2$，主要分布于西部省区。对畜牧业造成严重危害的毒草主要有疯草、狼毒、醉马草、牛心朴子和乌头等，约占毒草危害总面积的90%以上。富象乾等根据毒草的毒害规律，将有毒植物分为常年性毒草、季节性毒草和可疑性毒草3大类，前两类又细分为烈毒性毒草和弱毒性毒草两个类群。由于毒草的多样性、适应性和生态系统的复杂性，如何有效地杀灭毒草成为人们面临的一个难题。近年来，毒草科学通过加强毒草基础生物学、毒草入侵规律和防治技术的研究，提升了毒草防治的科学水平。

2. 草地毒草入侵规律研究

毒草入侵不仅影响动物生存条件，同时还造成生态失衡。例如，黄花刺茄是一种入侵性极强的一年生杂草，该种原产新热带区和美国西南部，目前已扩散到加拿大、独联体（苏联）、朝鲜半岛、南非、澳大利亚等国家或地区。我国早在1982年在辽宁省朝阳县就有报道，近年来又相继在吉林省白城市、河北省张家口市、北京市密云县等地发现了该物种。2005—2007年，在新疆境内也发现了乌鲁木齐县和石河子市两个分布区。该植物不仅严重影响草场及农田中棉花等作物的生长，而且还影响牲畜皮毛的品质，牲畜误食后可引起中毒死亡，同时还传播病虫害。通过对形态特征、分布、繁殖特性及其潜在的危害区域研究，为进一步制订合理的防治对策提供重要参考[24]。

3. 草地毒草综合治理对策

毒草大量滋生是草地退化的重要标志，放牧过度是造成草地退化和毒草繁衍的主要因素，致使优良牧草逐年减少，毒草迅速增多。因此，第一，以草定畜，制定合理的放牧利用制度，避开毒草的毒性高峰期；第二，针对牲畜对毒草有不同毒性反应，合理配置非易感畜种的畜群，尽可能地利用毒草且降低它的危害。第三，对毒草大面积生长的草地推行划区轮牧、休牧和禁牧制度，发展人工草地，减轻天然草原放牧压力，使其恢复。例如，2003年宁夏回族自治区在全国率先开展划区轮牧和以草定畜、草畜平衡综合试点，把草原的“管、建、用”有机结合，实现了天然草原的永续利用。2006年，近2.7×10^6ha天然草原得到休养生息，产草量平均提高30%，荒漠和干旱草原两种主要草原类型植被覆盖分别提高30%和50%，羊只饲养量由以前的8.2×10^6只增加到1.0×10^7只，农牧民人均收入增长31%。

1）人工拔除或化学灭除。人工拔除等传统方法仍是目前最有效的，同时利用化学方法消灭毒草也是必要的措施之一。近几年，防治毒草的药物研究包括针对大多数毒草的草甘膦、2，4D-丁酯、使它隆、茅草枯以及有针对性的灭狼毒、灭棘豆、狼毒净等除草剂的单独及混合使用，这些制剂可以有效地灭除毒草。由中国科学院寒区旱区环境与工程研究所与西藏高原生物研究所共同承担的中国科学院—西藏自治区合作项目“西藏草原毒草狼毒、棘豆治理技术研究与示范”项目通过验收。据了解，该技术对西藏草原狼毒、棘豆能起到有效的控制作用，一次施药，能控制毒草生长6～7年，可增加草原可食性牧草产量，增加植被覆盖率，增加牧草高度。吴国林还提出在狼毒返青期，采用螺丝钻破坏狼毒根系的生长点，进行人工防治而不破坏草场植被的人工防除方法。

2）替代控制。利用植物间的相互竞争，种植生长发育较快且对某毒草竞争力强的一种或多种植物（如人工牧草、速生树种等），抑制毒草生长繁殖，最后以人工植被替代。此技术在紫茎泽兰防除中有相关报道，但在其他毒草方面还未见研究[25]。

3）生物防治。即在有害生物的传入地，通过引入原产地的天敌因子重新建立有害生物与天敌之间的相互调节、相互制约机制，恢复和保持这种生态平衡，因此生物防除可以保护物种多样性。马占鸿等对宁夏的西吉、海原两县黄花棘豆分布地区进行了实地考察后，发现了黄花棘豆的两种病害，即黄花棘豆白粉病和锈病。此后，阿翰林等、李玉玲等、张扬等通过研究甘肃、青海等地黄花棘豆锈病的发病率及发病后对黄花棘豆生长的影响，发现能取得较好的生物防治效果。研究表明，狼毒栅锈菌在人工接种情况下对狼毒种群数量具有明显的控制作用。李春杰等研究了对醉马草致病的7种病原菌，或许可以尝试对该毒草进行生物防治方面的研究。

4. 草地毒草合理利用

目前，我国有关毒草利用方面的研究才刚刚起步，现有的研究资料表明，人们对毒草的认识已经从过去的只认为有害的传统观点，转变为是一种潜在的资源，甚至发现有些毒草具有巨大的开发利用价值。

1）作为牧草资源。研究表明，有些毒草含丰富的营养成分，是一种潜在的牧草资源。因此，依据毒草对动物的易感性差异，可以通过改良畜种结构来降低毒草的危害；有些毒草属于季节性有毒，则可集中在无毒季节进行放牧；有些毒草经过脱毒或青贮后，就可直接饲喂。如疯草粗蛋白含量为 11% ~ 20%，和优良苜蓿相当，可根据当地的实际情况选择性地采取间歇饲喂、日粮搭配、去毒利用、生态系统控制工程、毒素疫苗预防注射、添加解毒剂等措施来加以利用。

2）毒草的药理作用。有些毒草也是药用植物，可有计划地采挖，开发其药用价值，对提高农牧民的经济收入将有重要的社会意义。研究表明，瑞香狼毒、牛心朴子的有效成分有很强的抗肿瘤、杀菌、杀虫活性，可用于开发抗肿瘤药、天然农药、抗菌药物等。疯草所含的苦马豆素是一种极强的甘露糖苷酶竞争性抑制剂，能抑制肿瘤细胞的生长与转移，同时还能刺激机体的免疫系统，提高机体的免疫机能，增强杀灭肿瘤细胞的能力。由于苦马豆素具有很好的抗肿瘤活性和免疫增强作用，已引起国内学者的广泛关注，并作为抗肿瘤药筛选的后备药。

3）其他用途。瑞香狼毒全株可用于造纸；牛心朴子是很好的固沙植物和上等的荒漠蜜源植物，有“西北蜜库”之称。另外有些毒草还可以作为园林观赏植物。

（四）草地毒草重要研究成果

1. 草地毒草治理技术主要成果

2000 年，中国科学院寒区旱区环境与工程研究所对甘肃省祁连山区的草原毒草进行了长期调查研究，成功研制了毒草治理技术。该毒草治理技术与以前使用的旧技术相比，有针对性强、防治效果好、投资成本低、便于牧民掌握操作等优点。在配方、施药设备和技术推广方式上都具备了前所未有的创新，使我国毒草治理取得了突破性进展。2000 年 7 月，研究人员在甘肃省康乐县的草原上选择性进行了新研制药物杀灭毒草的实验。两年以来，通过挖根检查和返青情况调查，专家发现这种治理毒草的配方杀灭率在 90% 以上，对禾本科等牧草无害。2001 年下半年，项目组技术人员又在甘肃省肃南县、天祝县和甘肃省农牧厅皇城羊场进行新型毒草治理技术的推广工作，使推广总面积达到 7000 多万公顷，取得了显著的社会效益和生态效益。

2. 草地毒草信息系统

据丁伯良对全国 30 余种兽医专业期刊与杂志（1981—1995 年）中 970 篇畜禽中毒报道的调查统计，有毒植物引起的家畜中毒居首位（185 起，占 19.07%）。因此，深入研究有毒植物，做好其研究资料的搜集与整理工作更显得十分重要。近年来，随着计算机数据库技术的迅速发展，董强等将数据库与各专业结合构建了动物中毒专家诊断系统，这一系统能方便、有效地管理各个领域的专业知识和资料，可实现数据的搜集、查询、保存和处理，并完成各种特定的信息加工。同时系统的资料来源具有权威性、科学性和可靠性，总结了我国草地重要有毒植物的最新研究成果和经验，全面阐述了重要有毒植物的生物学、生态学、毒理学、防除技术与开发利用途径。这一系统的建立，为我国开展有毒植物中毒预防与诊断治疗提供了有价值的资料数据，也为我国开展动物中毒咨询服务研究奠定了基础。

（五）国内外同类学科比较

国外毒草科学家运用计算机图像技术，结合全球定位系统、地理信息系统和遥感技术的强大功能，研究草原毒草种群的空间分布及其特点，成功利用红外彩色（CIR）有效分离黄水兰和滨菊不同物候期的多光谱数字图像，运用计算机技术建立毒草治理专家支持系统。

随着人们保护生态环境意识的增强，国外毒草科学家目前更加重视土壤中除草剂残留量研究，包括先进的检测和定量测定方法、土壤中除草剂移动和水源污染预测模型。同时，通过研究最优化除草剂喷施技术，降低除草剂喷施量，降低除草剂漂移对临近牧草、水源和其他物种的风险。

我国毒草科学研究近年来取得了可喜的成绩，但由于种种原因，我国毒草科学研究与发达国家相比依然明显滞后。我们在除草剂抗药性、除草剂药害、提高除草剂利用率、保护环境等问题的研究还不够深入。由于对化学除草剂可能影响环境和人类健康忧虑的增长，人们越来越关注绿色草原。由于十分缺乏可以用于替代化学除草剂的除草技术，基于生物防治、天然产物的毒草治理技术成为草原治理最为关切的重点。

（六）展望与对策

毒草化是造成草原退化的主要因素之一，因此有效地控制毒草发生和传播是实现草地畜牧业可持续发展的重要策略。

1. 问题与挑战

草原毒草科学是研究毒草发生、危害及其控制理论和控制技术的学科。随着全球气候变化，放牧强度逐渐扩大，化学除草剂推广应用，我国的毒草科学研究将面临更多新问题，如毒草种群变化和群落演替、抗药性毒草种类增加、牧草药害。

2. 发展对策

1）推进草地所有制形式的改革，加快草原保护和建设的步伐。草原公有制产生了两个问题，一是牧民忽略对公共草场的保护和建设；二是牧民重视自有牲畜的数量和质量，而忽略了公有草场的承载力，从而使草畜平衡遭到破坏。

2）严格控制放牧，实行草畜平衡制度。放牧过度是造成草地退化和毒草繁衍的主要因素，因此，需以草定畜，制定合理的放牧制度。同时对已遭受大面积毒草入侵的草地推行划区轮牧、休牧和禁牧制度，发展人工草地，减轻天然草原放牧压力。

3）防除与利用。人工拔除是最传统且行之有效的方法之一。目前，应加强替代控制和生物防治技术在毒草防治中的作用，维护草原生态平衡。

毒草合理利用可以开发其潜在价值，例如作为药用植物、观赏植物等，对提高其社会经济效益具有重要意义。

（七）重点领域与方向

未来几年内，在基础研究和应用基础研究方面，应注重毒草生物学，尤其是运用分子生物学技术研究重要毒草的生态适应性、恶化机制，毒草 - 牧草 - 除草剂 - 环境间的互作机制，抗药性毒草发生发展的生态适应性和抗药性机制，为毒草治理奠定理论和技术基础是我国毒草科学研究的方向。在毒草治理方面，以生态草原的观点，针对严重危害的毒草的抗药性产生及除草剂药害等问题，探索以生态控草为核心，以生物防治、精准施药为基础的毒草治理新方法和关键技术，将是我国毒草治理技术研究的重点领域。

参考文献

［1］任继周. 草业大辞典［M］. 北京：中国农业出版社，2008.

［2］李彦忠. 沙打旺黄矮根腐病（*Embellisia astragali* nov. sp. Li and Nan）研究［D］. 兰州：兰州大学，2007.

［3］张燕慧. 紫花苜蓿（*Medicago sativa*）新型种衣剂的研制［D］. 兰州：兰州大学，2007.

［4］孙涛，龙瑞军. 我国草原蝗虫生物防治技术及研究进展［J］. 中国草地学报，2008，30（3）：88-93.

［5］吴桂胜，徐尔尼，宋福平，等. 草坪虫害生物防治的研究进展［J］. 草业科学，2007，24（6）：95-100.

［6］张芳，马青山. 黄南州草地鼠虫害调查及防治途径［J］. 草业与畜牧，2007（9）：45-50.

［7］杜岩功，梁东营，曹广民，等. 放牧强度对嵩草草甸草毡表层及草地营养和水分利用的影响［J］. 草业学报，2008，17（3）：146-150.

［8］杨永顺. 基于 WebGIS 的草原监测系统的设计与研究［D］. 兰州：兰州大学，2007.

［9］武守忠，高灵旺，施大钊，等. 基于 PDA 的草原鼠害数据采集系统的开发［J］. 草地学报，2007，15（6）：550-555.

［10］魏海燕，农向群，李存焕，等. 绿僵菌对高尔夫球场蛴螬防治效果的比较［J］. 内蒙古农业大学学报，2007，28（2）：125-127.

［11］边强，王广君，张泽华，等. 基因工程改良在昆虫病原真菌中的应用［J］. 中国生物工程杂志，2009，29（3）：94-99.

［12］农向群，涂雄兵，张泽华，等. 绿僵菌 R8-4 菌株大量培养固相阶段的条件［J］. 中国生物防治，2007，23（3）：228-232.

［13］宋树人，张泽华，高松，等. 绿僵菌药后草原蝗虫种群空间分布型研究［J］. 昆虫学报，2008，51（8）：883-888.

[14] Romeis J., Shelton A. M., Kennedy G. G. Integration of insect-resistant GM crops within IPM programs [M]. Dordrecht, the Netherlands, Springer, 2008.

[15] VreysenM. J. B., Robinson A. S., Hendrichs J. Area-wide control of insect pests: from research to field implementation [M]. NewYork: Springer, 2007.

[16] 施大钊，郭永旺，苏红田. 农牧业鼠害及控制进展 [J]. 中国媒介生物学及控制杂志，2009，20（6）：499-501.

[17] 李广忠. 草原鼠害对草原的影响及防治对策 [J]. 饲料饲草，2007（2）：21.

[18] 熊玲. 新疆草原鼠害综合防治技术应用 [J]. 新疆畜牧，2011（6）：58-60.

[19] 阿德克·乌拉孜汉. 新疆阿勒泰地区主要草地害鼠的危害及防治 [J]. 新疆畜牧业，2011（4）：58-61.

[20] 张国萍，吴丁兰，冯志勇，等. 增效抗凝血灭鼠剂对大鼠、小鼠 CT 和 PT 的影响及中毒鼠肝脏病理学观察 [J]. 广东农业科学，2009（3）：146-148.

[21] 陈活起. 农业鼠害可持续控制技术 [J]. 中国农技推广，2008，24（9）：43.

[22] 杨帆. 印楝油两性不育灭鼠颗粒剂的研制与质量标准及其药效学研究 [D]. 成都：四川农业大学，2010.

[23] 林玉，谭敦炎. 一种潜在的外来入侵植物：黄花刺茄 [J]. 植物分类学报，2007，45（5）：675-685.

[24] 杨紫美. 紫茎泽兰的危害及防除 [J]. 草叶与畜牧，2011（1）：32-34.

撰稿人：张泽华　李春杰　牙森·沙力　吴惠惠　涂雄兵

草地资源与生态

一、引言

我国草地资源非常丰富，总面积达4亿公顷，占国土总面积的41.7%，比森林和农田面积总和还大，是我国真正的最大陆地生态系统，草地面积仅次于澳大利亚，有世界第二草原大国之称。草地资源是一种自然资源，草地上的植物可以用来放牧或刈割饲养家畜，生产肉、奶、毛、皮张等畜产品，是草地畜牧业最重要的物质基础，其中有不少植物可以药用、造纸、酿酒、酿蜜，具有经济生产潜力；草地还具有调节气候、涵养水源、防风固沙、保持水土、改良土壤、培肥地力、净化空气、美化环境及保护生态环境等作用；草地还以其多姿形态，构成丰富多彩的自然景观，可供人们旅游观赏；草地还养育了许多珍贵的野生动物，成为它们的繁衍生息之地。因此，草地资源是国家重要的自然资源，是我国重要的国土资源，是开展草业生产的主要场所；是提高人民生活水平的重要物质财富；是发展我国少数民族地区经济的主要生产资料；是发展多种经济的原料基地，也是国民经济和生态环境保护的重要战略资源。

（一）学科概述

本章内容主要涉及草地资源与草地生态两个方面，二者具有很大关联，因此在传统的学科研究中多将二者放在一起。草地资源是自然资源的重要组成部分，是指在一定范围内所包含的草地类型、面积及其蕴藏的生产能力，是指有数量和地域分布概念的草地。《中国草地资源》专著中的定义为，草地资源是具有数量、质量、空间结构特征，有一定分布面积，有生产能力和多种功能，主要用作畜牧业生产资料的一种自然资源。草地生态学（Grassland ecology）是运用生态学和系统学的观点和方法，研究草地生态系统的结构、功能、生物生产、动态、生态调控，并探索其实现高效、平衡和持续发展的科学。

草地资源方面主要研究我国草地与植物资源评价、利用、经营管理以及保护等方面的理论研究和技术创新，侧重野生植物资源的搜集评价、草地资源调查和监理技术的研究，草地载畜量优化理论、天然草地和人工草地放牧和刈割管理技术，草畜平衡技术、草地保护技术的研究。研究草地经营管理相关的产业政策、产业环境、产业投资、经营策略、市场调查、营销策略、企业经营以及草地旅游发展等。

草地生态方面主要研究草地环境中土—草—畜相互间的内在联系和作用机制以及环境因子对草地植被演替的影响，侧重草地生态系统功能的衰退和调节机制、草地退化与生态恢复、草地生物多样性、牧区草畜业结构调整与优化草地生态环境评价以及草地植被恢复与重建技术等。

（二）学科发展历史回顾

草地资源与生态学是目前世界研究较热门的领域，作为资源学和生态学的一个分支学科，它的诞生和发展有些滞后。①从世界范围来看，在 20 世纪 50 ~ 60 年代诞生。此前，有关草地的研究主要集中在草地的利用与管理，也注意到了草地植物和植物群落与环境的关系，涉及草地生态学的某些内容。② 20 世纪 60 ~ 80 年代是草地生态学的巩固发展期，1962 年 R. P. Humphrey 编写了 *Range ecology*；1971 年英国草地学家 C. R. W. Spedding 的 *Grassland ecology* 出版，这两本书的出版标志着草地生态学理论体系的形成，此间的研究包括草地植物生物学和生理生态学、种群生态、群落结构与动态、放牧生态、生产力、生态系统功能、资源监测、管理等；各国还建立相应的研究机构和学科。③ 20 世纪 90 年代后，草地生态学进入了快速发展时期，新技术、新方法的应用使得草地生态学研究进入了全新阶段，生态系统研究占据主流，范围更加拓展，研究更加深入。

我国的草地资源与生态学研究稍晚于世界一些较发达国家，20 世纪 70 年代以前多是进行草地管理利用方面研究，祝廷成教授 1956 年发表了国内第一篇草地生态学文章《萨尔图附近草地植被分析》，其他学者也曾开展了一些研究工作，但一直尚未形成自己的学科体系。20 世纪 70 年代中后期，草地生态研究发展较快，其中贾慎修教授翻译的《草地生态学》起了重要推动作用，一些研究院所在不同草地类型上开展了相关草地生态学研究，对资源进行了普查并积累了许多成果，出版了一些专著。20 世纪 90 年代后，由于科学技术进步和社会需求，草地生态发展异常迅猛，生态学理论运用于实践，如任继周先生提出了四个生产层理论，对我国的草地生态学研究起到了重要推动作用，同时草地植被恢复与重建、高效人工草地的建立、生态系统的能量流动与物质循环、生态系统耦合、草地资源监测、多样性分析等也取得重要进展。目前，草地生态学已成为我国草业科学研究的核心和热点，以生态与经济持续发展的理念愈来愈受到重视，而且向宏观和微观两个方向发展。

二、现状与进展

（一）本学科发展现状及动态

关于我国草原生态状况，众说不一，但无论从退化面积比例，还是退化程度来看，我国都是世界上草原退化较为严重的国家之一。国家环保总局发布的《2005 年中国环境状况公报》显示，2005 年中国 90% 可利用的天然草原发生不同程度退化。另据农业部草原监理中心 2005 年监测，全国 90% 以上可利用天然草地发生不同程度退化，其中轻度退化面积占 57%，中度退化面积占 31%，重度退化面积占 12%。目前我国严重退化草地面积近 1.8 亿 hm^2，并以每年 200 万 hm^2 的速度继续扩张，天然草地每年减少 60 万 ~ 70 万 hm^2，同时草原质量也不断下降。约占草原总面积 84.4% 的西部和北方地区是我国草原退化最为严重的地区，退化比例已达 75% 以上，虽然近年来国家对草原生态问题有所重视，投入加大，但草原生态恶化的局面没有得到有效遏制。

我国的草原退化大约始于 20 世纪 50 ~ 60 年代，由于农民大量涌入牧区，开荒种地，牧民受“不吃亏心粮”影响，开始种植日常生活消费所需的作物和蔬菜，草原生态出现了被破坏的苗头，1949—2000 年的 50 年内，内蒙古草原开垦的耕地达到 2.33 亿亩，占全区总面积的 13%。20 世纪 80 年代，我国将在农区行之有效的家庭承包制度引入到牧区，但没有充分考虑农耕文化与游牧文化的本质不同，实行家畜作价归户，未将草场划分承包给牧民，结果牲畜数量过快增长，加剧了草畜矛盾，到了 20 世纪 90 年代初，内蒙古中西部的草原生态系统已经处于崩溃的边缘，加之全球气候变暖的影响，1999—2001 年 3 年大旱引起了灾难性后果，草原生态急剧恶化，造成了世纪之交 10 年间我国沙尘暴频发，可以说是世界第三次“黑风暴”，其影响程度和后果迄今仍在。

（二）学科重大研究进展

1. 草地资源本底情况的研究

（1）20 世纪 80 年代的草地资源普查

国务院从 1979 年下半年组织开展了全国草地资源的统一调查，第一次基本摸清了我国草地资源的数量、质量及空间分布。调查资料显示，我国有天然草地面积 33099.55 万公顷（可利用草地面积），少于澳大利亚（43713.6 万 hm^2），多于美国（24146.7 万 hm^2），为世界第二草地大国。

天然草地在全国各地均有分布，从行政省区来看，西藏自治区草地面积最大，有 7084.68 万 hm^2，占全国草地面积的 21.40%，依次是内蒙古自治区、新疆维吾尔自治区、青海省。以上四省区草地面积之和占全国草地面积的 64.65%。草地面积达 1000 万公顷以上的省区还有四川省、甘肃省、云南省；其他各省区草地面积均在 1000 万公顷以下，又以海南、江苏、北京、天津、上海五省（市）草地面积较小，均在 100 万公顷以下。

我国人工草地较少，据 1997 年统计，全国累计种草保留面积 1547.49 万公顷，这其中包括人工种草、改良天然草地、飞机补播牧草三项。如果将后两项看作半人工草地，即我国人工和半人工草地面积之和也仅占全国天然草地面积的 4.68%。我国人工草地和半人工草地虽不多，但全国各省区都有，以内蒙古自治区最大，有 443.34 万公顷，达到 100 万公顷以上的依次有四川省、新疆维吾尔自治区、青海省和甘肃省。各地人工种植和飞播的主要牧草有苜蓿、沙打旺、老芒麦、披碱草、草木樨、羊草、黑麦草、象草、鸡脚草、聚合草、无芒雀麦、苇状羊茅、白三叶、红三叶以及小灌木柠条、木地肤、沙拐枣等。在粮草轮作中种植的饲草饲料作物有玉米、高粱、燕麦、大麦、蚕豆及饲用甜菜和南瓜等。由于人工草地的牧草品质较好，产草量比天然草地可提高 3 ~ 5 倍或更高，因而在保障家畜饲草供给和畜牧业生产稳定发展中起着重要的作用。

我国国土面积辽阔、海拔高低悬殊、气候千差万别，形成了多种草地类型。全国首次统一草地资源调查将全国天然草地划分为 18 个草地类 824 个草地型。在组成全国各类草地中，高寒草甸类草地面积最大，全国有 5883.42 万 hm^2，占全国草地面积的 17.77%，这类草地集中分布在我国西南部青藏高原及外缘区域，依次是温性草原类草地、高寒草原类草地、温性荒漠类草地，三类草地各自占全国草地面积 10% 左右，以上四类草地面积之和可占到全国草地面积的一半，且主要分布在我国北方和西部。下列 5 类草地面积较小，分别是高寒草甸草原类、高寒荒漠类、暖性草丛类、干热稀树灌草丛类和沼泽类草地，它们各自面积占全国草地面积均不超过 2%。其余各类草地面积占全国草地面积在 2% ~ 7%，居于中等。

（2）本世纪初的草地资源遥感调查

从 2000 年 10 月 1 日起，由全国畜牧兽医总站和农业部畜牧兽医局负责监督、检查协调并由中国科学院地理科学与资源研究所和内蒙古畜牧科学院草原勘察设计所共同承担的全国第二次草地资源遥感速查项目开始启动。此次草地资源遥感调查是按照国土资源部新一轮国土资源大调查工作的要求，针对全国草地资源开发利用所面临的问题以及各地方政府综合管理部门对草地资源的管理、规划和决策的实际需要而进行的，此次草地资源的调查首次把卫星遥感技术作为调查的主要技术手段，这在全国尚属首次。与传统草地资源调查相比，遥感监测技术具有监测范围广、数据收集及时、精度高、耗费低、数字化、能大面积获取数据、多时相的信息等优势，为实时动态监测大面积草地资源状况提供了可能。

我国利用遥感资料，基本查清了调查区草地资源的类型、分布、产量估测、面积和利用现状以及草地与环境演变状况，为合理利用和经营草地资源提供了科学依据，并取得了巨大的社会经济效益。

（3）3S 技术与草地资源遥感监测

草地遥感普查是以现代遥感技术（Modern Remote Sensing Technology）和地理信息系统（Geographic Information System，GIS）与草地科学相联系，从而为全球草地资源的管理提供全新的手段和方法。目前利用 RS 结合 GIS 进行草地资源分类、制图、草地第一性生产力的评估、草地动态监测与分析的研究较为普遍。陈全功等在甘肃省定西试验区使用 TM、SPOT 的融合影像，完成了该区土地利用 / 土地覆盖调查，为定西县生态环境的治理、退耕还草任务的落实提供了科学依据[1]。韩清莹利用遥感技术调查了山西省境内草地资源状况[2]。塞里克 · 都曼等也对在新疆地区应用高分辨率遥感技术对新疆草地资源的研究进行了综述[3]。徐希孺等研究了利用 NOAA/AVHRR 遥感资料推断内蒙古自治区锡林郭勒盟草地产草量估算的方法。刘东升、陈全功、李京、史培军等也利用 NOAA 气象卫星数据估测地上生物量，并由地上现存量和绿度值的散点分布图，建立 Y=AeBX 的估产模型。樊锦召、吕玉华等应用同步观测的气象卫星资料和产草量资料研究呼伦贝尔草原牧草产量的遥感监测方法，解决了天然草地产草量动态监测的时间差异问题。邹亚荣等利用 Landsat-TM 遥感数据源，监测我国天然草地总面积，得出的结论为：南方草地面积变化小，北方草地面积减少程度大，这将对我国北方生态环境产生不利的影响[4]。刘兴元等在地理信息系统技术的支持下，建立了草地畜牧业雪灾的评价模型和损失估计模型[5]。王鹏新等使用 Landsat 卫星影像时相入手，采用非监督分类的方法为内蒙古锡林郭勒不同时期典型草原草地退化与恢复特征进行研究[6]。许鹏、李文和、夏景新等众多学者分别利用遥感图像，解译草地类型，提出正确解译影像图与制图的原则方法，并在定量与定性分析的基础上，量算和统计草地资源。张志雄等根据影像的色调和纹理特征，建立喀斯特石漠化环境下草地遥感调查解译标志，进而利用 3S 技术，实现对喀斯特环境下草地分布的遥感调查及其在石漠化地区分布的空间相关性分析，并提出了草地石漠化的防治建议[7]。

（4）农业部草原监理中心的建立

自 2003 年 3 月 1 日起，修改后的《中华人民共和国草原法》开始施行。为适应新形势下草原生态保护建设和畜牧业的发展需要，进一步加强和完善草原保护、建设和合理利用的管理力度，经中央机构编制委员会办公室批准，设立农业部草原监理中心。农业部草原监理中心的主要职责包括依法承担全国草原保护的执法工作；负责查处破坏草原的重大案件；负责对地方草原监理工作的指导、协调；负责草原法律、法规的宣传和全国草原监理系统的人员培训；协助有关部门协调和处理跨地区的草原所有权、使用权争议；组织协调、指导、监督全国草畜平衡工作，拟定草原载畜量标准，组织核定草原载畜量；组织编制全国草原资源与动态监测规划和年度计划，组织、协调、指导全国草原面积、生产能力、生态环境状况及草原保护与建设效益的监测、测报；组织国家级草原资源与生态监测和预警体系的建设、管理工作；组织编制草原资源与生态监测报告；承担全国草原资源的调查和普查工作；组织协调、指导、监督全国草原防火及其他草原自然灾害预警和防灾、减灾工作，承担农业部草原防火指挥部办公室的日常工作；受农业部委托承办草原野生植物资源的保护和合理开发利用工作，承办草原自然保护区的管理工作；受农业部委托组织草原保护和建设项目执行情况的监督检查。

2. 草地生态恢复与重建

（1）不同类型草原退化原因及恢复机理研究

草原退化是我国面临的最为严重的生态环境问题之一。目前多数研究者认为草原退化是全球变化和人类活动共同作用的结果。研究表明，草原退化的发生、发展是一个非常复杂又具有自然地理、社会经济、政治等多种因素共同作用的结果。在不同地区，气候和人类活动这两个因素引起的作用也不尽相同，在有些地区气候因素起主要作用[8-10]，而在其他地区则人类活动因素起主要作用。例如，刘美珍等的研究表明，引起草地退化的主要原因并不是气候变化，尤其是近年来的干旱问题，对于围封与未围封的草场，降雨量基本一致，但干草量围封区内外相差了近30倍，未围封区内草场退化仍十分严重，这主要是由于超载放牧所致[11]。贾宏涛通过对新疆退化草地围封的生态效益的研究指出：我国草地退化主要是由超载过牧、草原开垦、不当利用方式造成的[12]。

我国有关退化草地恢复重建研究始于20世纪80年代初。1979年，中国科学院植物研究所在内蒙古锡林郭勒盟设立草原生态定位站，并在青海省海北藏族自治州设立了高寒草甸生态系统定位站。全国各所农业院校在本省区所在地建立了草地研究站点，通过长年定位观测，全面开展草原研究，特别是针对退化草地的改良治理研究[13]。研究表明，土壤特性，特别是黏结性和团粒结构对草原退化的发生发展具有重要影响，而土壤的黏结性和团粒结构又主要受土壤颗粒组成（质地）的影响。因此，土壤是制约草地生态系统稳定性的关键因素[14]。同时，水资源也是干旱区、半干旱区的命脉，科学合理地利用水资源也是草原生态系统恢复的一条主线，保持水在草原区的平衡能够更有效的加速草原恢复[15]。

（2）退耕还林还草、围栏禁牧的理论与实践

基于对退化草地日趋严重的原因探究，我国所采取的措施主要是进行退耕还林还草及围栏封育治理。退耕还林还草是国家于2002年启动的致力于改善生态环境的一个重大工程，作为经济发展和提高人民生活质量的重要内容第一次列入中国的“十五”计划纲要中。退耕还林还草工程真正从生态系统和经济系统的复合系统角度出发，以解决“三农问题”和维持退耕还林的长期稳定、持续发展问题，以实现生态效益与经济效益“双赢”为目标。刘硕以内蒙、青海和山西等地区的退耕还林还草区域为研究对象，调查了这些地区工程实施后的植被群落变化，发现在工程初期生态恢复效果较好，然而在后期某些缺水地区会出现植被的逆行演替现象[16]。曾昭霞也对黄土高原进行的退耕还草恢复后土壤质量发生的变化进行了研究，发现土壤有机质、全氮及土壤的水分利用效率等均有显著提高，并提出了此类地区生态恢复建议使用的植物种类。草地围栏封育主要是通过草原围栏和封育草地、划区轮牧，实现草地减轻放牧压力和恢复草地植被的双重目的[17]。封育是已经被广泛采用的草地快速恢复重建的重要手段之一[18]。通过封育对草场植被恢复的研究表明：封育措施对提高退化草地的生产力有显著作用[19]。在围栏封育的条件下，进行人工或半人工草地建设是缓解草场压力的最重要措施。半人工草场是在围封的情况下，基本不破坏原草场的植被，加以部分人工改良（松土、补播、灌溉、施肥）的措施。实验表明，人工草场可将单位面积产草量提高7倍多，半人工草场可提高2倍多[20]。叶瑞卿等的研究表明[21]，对退化草地进行围栏封育修复3年的地表径流量、土壤侵蚀量分别仅为对照草地的51.37%、24.66%，土壤肥力较对照草地提高了2.83倍。李福生等的研究表明[22]，通过实施草原封育禁牧，能明显提高草原生产力，禁牧3年以上的草原植被平均盖度达到45%，相比放牧草地提高了25%；平均草层高度达7.8cm，而放牧草地平均草层高度仅为3.5cm；放牧草地土壤表土粒级比禁牧草地高9.25% ~ 10.2%，有机质含量比禁牧草地低0.35% ~ 1.28%。李愈哲等人研究了锡林郭勒典型温性草原区域不同利用、管理方式下的植物群落，结果表明放牧降低了大针茅群落的地上地下生物量，而长时间的围封可以显著增加群落的地上地下生产力[23]。

（3）退化草地恢复的关键理论与实践

退化草地恢复借鉴了恢复生态学的方法，其中关键理论包括自组织理论、演替理论和生物多样性理论等[24]。自组织是生态本身固有的特征，这是生态系统具有稳定性的基础。草地生态系统受到干扰后，当干扰在一定的阈值范围内时，系统可以通过自我调整，维持生态系统原有的功能，这就是生态系统的自组织理论[25]。大量研究发现，中轻度退化的草场在消除干扰或降低载畜量后，较短时间草场就能恢复到天然状态[15, 26]。植物群落的演替动态一直是植物生态学的重要研究内容。演替是一个植物群落被另一个植物群落取代的过程，是植物群落动态的一个最重要的特征。刘硕在对黄土高原地区退化草地的演替研究中发现，半流动沙丘在5年后就会出现沙柳和沙打旺群落，在25年后就会演替到油蒿羊柴群落阶段[16]。物种多样性就是某一时空范围或系统中物种单位的丰富度、差异性和分布均匀程度。MacArthur于20世纪首次提出了群落的物种多样性与稳定性之间的关联关系。同时英国著名动物学家Elton认为一个相对简单的植物群落易于受毁灭性的种群波动的影响。目前的研究表明，决定群落稳定性的是生态系统的复杂性，而生物多样性仅是表征复杂性的一个方面，然而在草地恢复过程中，重视生物多样性原理的运用依然能够提高草地生态系统的恢复效率。傅尧对露天煤矿周边退化草地的恢复研究发现，与采用单一草种的恢复模式相比，采用豆科草类和禾本科草类的混合恢复模式能够明显改善土壤的团粒结构[27]。

（4）以土壤为核心的退化草地恢复重建理论的确立

国内外退化草地恢复与重建多以植被恢复为主，更多重视草地植被的物种调整和管理利用，适应于大面积中轻度退化草地。针对我国北方农牧交错带草地退化严重的实际，王堃等通过多年研究形成了围栏封育草地水肥管理技术、退化草地松土补播改良技术、重度退化草地植被恢复关键技术、改善土壤肥力技术、低扰动免耕补播技术、草地水分高效利用技术和盐碱化草地改良技术等成果，创建了以提高土壤肥力为核心的退化草地植被恢复综合理论技术体系[25, 28]。此项草地植被恢复技术体系已广泛应用于黄河中上游植被恢复治理、东北黑土地退化土壤整治、京津风沙源治理和退牧还草、三江源生态恢复等重大工程中，实验表明此技术体系具有良好广泛的适用性。

3. 草地与全球气候变化研究

（1）全球气候变化背景下草地碳储量与碳循环研究

草地生态系统的生态环境通常比较脆弱，因此，较其他陆地生态系统（如森林、农田等）而言，草地生态系统对全球气候变化和人类活动（土地利用方式的改变等）的响应更为迅速。草地生态系统的总碳储量中89.4%存在土壤中，仅有10.6%的碳贮存在植被中[29]。因此，全球变化对草地生态系统碳循环的影响主要是对土壤碳的影响。

大多数研究表明，大气CO_2浓度升高将促进草本植物尤其是C_3植物光合作用，而抑制呼吸作用，因此将增加草地生态系统的碳净积累[30]。也有研究表明大气CO_2浓度升高促进草地土壤呼吸，从而造成土壤碳损失。Owensby 的研究发现，大气 CO_2 浓度升高存在着施肥效应和抗蒸腾效应，因此将促进植物的生长和根生物量的增加[31]。同时，大气 CO_2 浓度升高将促进光合作用，增加光合产物，并促使更多的光合产物流向根系。CO_2 浓度升高还将加速细根的衰老，增加土壤碳损失。

同样，不同研究者对于草地碳循环对气温升高的响应看法也不一致，对此响应具有影响的因素有群落类型、土壤含水量和光合产物等[32]。温度升高既可促进土壤碳固定，也会增加碳损失，因为土壤碳固定对温度的响应还受到其他因素的制约，如土壤含水量、酶的活性等。Rustad 等[33]利用多元分析方法探讨了 32 站点土壤呼吸对生态系统增温的响应，研究结果表明，2 ~ 9 年的试验增温（增温幅度为 0.3 ~ 6.0℃）显著地增加了土壤呼吸（20% ± 2%），相对于森林生态系统，草地生态系统的土壤呼吸对试验增温的响应要小。而在欧洲一个森林草原交错地带，连续 4 年的增温试验发现，增温降低了土壤呼吸 7% ~ 15%，这可能与增温引起土壤含水量减少有关[34]。另有研究表明，2 年的控制性增温并没有显著改变土壤呼吸速率[33]。

降水量的变化也是全球气候变化的重要特征之一。大多数研究表明，降水增加土壤呼吸速率，改变沙质草原生态系统的碳平衡格局[35]。在美国俄克拉荷马州的温带草原，土壤呼吸随着年均降水量的增加而线性增加[36]。在美国某高草草原，增温和降水两因子试验表明，降水加倍显著增加了约 9.0% 的土壤碳损失[37]。董云社等[38]在比较内蒙古锡林河流域 4 种草地群落（贝加尔针茅草原、羊草草原、大针茅草原和克氏针茅草原）土壤呼吸时发现土壤呼吸量沿着降水梯度递减。也有研究表明，降水将抑制土壤呼吸作用。在高寒矮嵩草草甸群落，吴琴等[39]发现生长季节的土壤呼吸多次出现低谷，这是由于频繁降水引起的土壤温度降低造成的，进而减少了土壤 CO_2 的释放量。刘森[40]对 1996 年、2000 年、2004 年和 2008 年 4 个草地格局变化较为突出的年份中大安市的草地碳储量进行研究，发现草地碳储量对降水因子的变化最为敏感。

（2）草地生物多样性研究

生物多样性和全球气候变化紧密相连。全球气候变化的一些因素，如气温变暖、降水的变化、CO_2 浓度升高和 N 素的沉积等都对生物多样性有降低或促进作用[41]。全球变暖带来全球和区域降水格局在不同时间和空间上的重新分配，而水热条件很大程度上决定了物种的分布格局。温度的上升会驱使物种向高海拔、高纬度地区迁移[42]，同时也改变一些物种的繁殖期和丰富度。面对竞争、环境与遗传压力，一些物种难以适应新的气候条件，如果无法迁移到合适的新生境将导致灭绝[43]。此外，随着全球变暖和区域气候格局的变化，洪水、干旱等极端气候现象加剧，一些“生态系统分界线”（高草原和混合草原分隔开来的过渡地带）发生明显改变。在全球变化的压力下，面对严峻的生物多样性降低的状况，一些有害生物扩散到新分布区大量繁殖，就形成了生物入侵。外来入侵物种通过资源竞争、化感抑制等各种方式的竞争优势影响新的生境，降低当地的生物多样性。因此，探讨全球气候变化如何影响生物多样性和生态系统功能是当前亟须解决和回答的重要科学问题[44]。

（3）草地 C_3 与 C_4 植物对全球气候变化的响应

草原地区绝大多数植物为 C_3 植物，温度升高对其生长将产生不利影响[45]。观测表明，36 年来祁连山海北州牧草的年净生产量普遍下降；20 世纪 90 年代青藏高原牧草高度与 80 年代末期比较，生长高度普遍下降 30% ~ 50%；天然草地产鲜草量和干草量均呈减少趋势；气候变化使内蒙古的草地生产力普遍下降。当 CO_2 浓度倍增、气温上升 2℃，C_4 牧草将向目前寒冷地带扩展，栽培范围扩大，同时 C_3 牧草光合作用将大大提高，其栽培范围也不局限于寒冷地带，适宜的栽培区域也将扩大[46]。

4. 草地放牧生态学研究取得重要进展

（1）草畜平衡的理论与实践

长期以来，基于草地牧草生产力框架下的草地载畜量概念，在指导草地畜牧业中发挥着重要作用，然而关于适宜载畜率的研究，国内外已进行了大量的试验研究，但是适宜载畜率的具体确定是非常困难的[47]。首要原因是草地初级生产很大程度上受制于区域气候因素、土壤和牧草本身机能等因素[48]，而且牧草的营养价值、对放牧的抗性随生育期而变化，牧草与土壤的表现在多数情况下并不同步，草畜之间存在时间相悖、空间相悖和种间相悖[49]。在可持续发展的前提下，使得由"以草定畜"估算的生态载畜量无法准确反映草地的载畜能力，且不能明确判定草地的超载程度，缺乏直接、广泛的生产实用性[50, 51]。其次，基于草地牧草生产力框架下的载畜量，往往忽略了牲畜放牧对草地土壤侵蚀的潜在影响。林惠龙等从综合系统评价角度对草畜平衡进行研究，发现践踏强度评价指标是深入研究分析影响草畜平衡各项因子的前提[52]。梁天刚也在甘南牧区通过数学建模制定了草畜平衡优化方案，综合考虑牧区畜群结构优化、牧业生产目标、草畜动态平衡、区域社会经济收益状况和生态环境保护 5 个方面的约束条件[53]。

（2）草地放牧家畜生态系统研究

放牧家畜——草地植被之间的相互作用是一个复杂而又重要的生态学问题。以往对动、植物相互作用的研究认为草食性动物采食对植物而言起负面作用[54]。随着对草地生态理论研究发现，植物能够从草食性动物那里获得益处，植物与草食性动物之间协同进化的观点渐渐成为主流[55]。实际上，植物群落的稳定很大程度上依赖于草食动物，特别是大型草食动物的放牧活动。草食性动物与植物之间是一种动态的互作关系，例如，牛、马、羊等大型草食性动物对植物采食，能够引起植物生理特征的改变，植物通过性状可塑性改变，以应对动物的采食。植物的形态学的变化又会导致动物的采食行为发生与之相适应的对策[56]。植物不仅以形态可塑性应对草食性动物的采食，它们自身也会产生补偿效应甚至产生超补偿生长，这也是被采食后植物产生的受益结果。董全民等人研究了放牧制度和放牧强度对不同植物类群补偿效应的影响，结果表明暖季放牧草场各放牧处理不同植物类群均存在超补偿生长，禾本科植物的超补偿生长效应强于莎草科植物和阔叶植物，轻度和中度放牧的补偿效应更明显[57]。高莹等人通过刈割模拟不同放牧强度的实验发现，中等放牧强度不仅不会对草地的生产力造成影响，还会提高草地植被的生长速度，表现出超补偿能力[58]。*Nature* 曾刊出过几篇植物被昆虫采食后出现内在机制变化的论文，研究发现昆虫口液中存在天然植物生长调节物质。藤星也在对羊草草地放牧绵羊的采食与践踏研究中发现，绵羊的口液能够明显增加羊草的生长速度，这提供了草食动物与植物具有协同进化的证明[54]。

（3）放牧与退化草地的关系

草地退化研究是草地生态学的重要内容之一，许多学者以植被演替理论为指导，对草地退化进行了大量研究，尤其是放牧对草地植物群落影响的研究，一直是草地生态学和草地经营学关注的重要问题。不合理的放牧常常带来植物群落的逆行演替，造成草地生产性能下降，制约草地畜牧业的发展[59]。

Whisenant 的研究表明，放牧是引起盐漠灌木生态系统退化的重要原因，但放牧季节比放牧强度对植物种类成分的变化影响更大。Norton 对封育和放牧条件下的植被演替进行了长期的研究，认为植被变化并不是完全由放牧压力引起的，植物寿命、植物替代机会以及对气候的不同反应也许是引起植物群落演替的主要因素，重牧并不影响植被盖度和种类组成总趋势。Green 则认为，家畜过度放牧是草地退化演替的主要原因[60]。随着牧压强度的变化，草地植物群落的主要植物种的优势地位发生明显的替代变化，这与其生态生物学特性和动物的采食行为密切相关。然而放牧对草地多样性影响同样会引起草地的退化，王岭和王德利的研究也表明低生产力的草地上，放牧会减少植物多样性；而在高生产力的草地上，适度放牧对植物群落的多样性作用很小；而在生产力水平中等的群落上，放牧却能提高植物群落多样性[61-63]。阿拉木斯等研究表明，随着放牧强度增加，内蒙古锡林郭勒盟正镶白旗额力图牧场克氏针茅群落的优势种克氏针茅、羊草等优良牧草的多度在中度放牧区出现最高值，重要值、高度、盖度均明显降低并逐渐被冷蒿、糙隐子草等耐牧性牧草取代，草地初级生产力下降[64]。

（三）本学科与国内外同类学科比较

世界上草地畜牧业较发达的美国、加拿大、新西兰、英国等国家，草地资源与生态科学也是非常发达的，这些国家非常重视草地生态环境保护和科学利用。1916 年，蒙大拿州立大学最早开设了《草原管理学》；1923 年，Sampson 教授出版美国第一本草原管理方面的大学教材 *Range and Pasture Management*。20 世纪 30 年代后期，美国开始在高等院校建立草原管理专业，目前已经有 100 多所高校设置相关专业，其中 40 多所院校具有硕士和博士学位授予权。德克萨斯农工大学和威斯康星大学草业科学发展最为先进，该校专业课程设置除覆盖原来的动植物课程外，增设了经济管理、应用生态学、生态系统生态学、生态恢复、地理信息系统和环境政策等适应社会需求的课程。

美国和俄罗斯分别吸取了 20 世纪 30 年代和 50 年代黑风暴的教训，推行了一系列草地生态恢复举措。目前美国、英国、新西兰等一些国家已经做到对草地资源的实时监控，严格推行草畜平衡政策，草地畜牧业处于良性发展状态。近年来随着社会发展诸多问题的出现，本学科发展受到重视，3S 遥感技术、分子生物学、红外光谱技术等一些新的技术迅速应用，许多大学都设有草地资源与生态相关研究机构和专业，美国在该方面的研究设置比较完备，英国等欧洲国家的草地研究水平相当先进，为我国树立了榜样。

我国的草地资源与生态研究总体上与国外有一定差距，但在某些领域接近国际先进水平。我国的草地资源研究明显滞后，自 20 世纪 70 ～ 80 年代我国开展的第一次草地资源调查，迄今一直沿用那次调查结果的数据，而发达国家 3 ～ 5 年便进行一次资源调查；在草地资源利用方面我国严重超载，平均超载率 30% 以上，造成 90% 以上的草地出现了不同程度的退化，而美国等一些国家早已推行严格的放牧管理制度和禁垦制度，草地实现了可持续利用。在草地生态学研究方面，我国与国外的差距稍小一些，近年来随着国际交流的频繁，该领域差距在拉近，但是我国在科研与实际脱节方面问题较突出，特别是原创性科技成果较少，多是跟风研究，在仪器设备开发方面更为落后，这也是今后一个时期我国草地资源与生态研究应该努力的方向。

三、展望与对策

根据国内外对草地资源及草地生态研究的发展趋势，我国应加强以下几方面的研究工作。

（一）草地植被恢复与重建研究

受损生态系统的恢复研究从 20 世纪 70 年代末就已开始，发展到今天仍有诸多争论，还有待进一步的完善。就草地生态恢复而言，关于恢复的时间和进程、恢复的生态阈限和经济阈值、3R 生态工程的耦合途径等也有待深入研究。退化草地的生态恢复不仅要重视那些看得见的对象，也要关注那些看不见的生态学过程。这有助于深入了解草地生态系统中各组织层次间的相互关系。草地生态系统是一个有机的整体，退化草地的恢复应遵循生态系统的非加和原理，将 3R 工程的方方面面结合起来。草地生态系统也是一个等级系统，退化草地恢复治理随空间和时间尺度的不同，应采取相应的策略。总之，退化草地的生态恢复是一个多方位、多层次、多途径的综合研究，不可分而治之。今天，遥感和地理信息系统等信息科学的发展，为这种综合研究提供了一定的技术支持，可为 21 世纪初期的草地恢复生态学提供新的发展空间。

（二）草地家畜界面研究

我国是畜牧业生产大国，有辽阔的各种类型的天然草场，但在放牧生态学研究方面与畜牧业发达的英国和新西兰相比，还有较大差距。虽然近年来已有学者进行了有益的探索，并取得了一些研究成果，但距离我国畜牧业可持续发展的实际需求还相差甚远。当前我国放牧生态研究主要集中在放牧对植被的影响方面，对于草畜间的正负反馈调节机制、各类家畜在不同草地类型中的放牧行为生态、放牧生态理论指导下的草地管理模式等基础与应用基础研究尚不足，有待进一步深入。

（三）全球气候变化下的草地生态系统碳氮循环研究

草地土壤碳循环对全球变化的响应机理是复杂的，它受各种生物因子和非生物因子的综合影响。因此，今后应该加强以下 5 方面的研究。

1）草地土壤碳循环对气温升高、降水增多、放牧、草地农垦等的响应会随着时间的推移而发生变化，因此，应该加强长期连续的试验观测；

2）草地长期农垦对碳循环的影响的报道已经很多，但关于农垦短期内对碳循环影响的研究比较少，因此，应该加强农垦短期内对碳收支影响的研究；

3）加强土壤碳循环各组分对全球变化的响应机理研究；

4）加强土壤呼吸各影响因子对土壤呼吸的综合效应研究；

5）加强土壤呼吸 Q10 值与各影响因子的关系研究。

（四）草地资源的合理配置与生态优化

我国的草地面积辽阔，但地域差异悬殊，类型复杂多样，草地生物量的年季变幅波动较大，各种灾害频繁发生，加上不合理的放牧制度导致草地超载过牧，草地得不到应有的休闲和恢复，草地上盲目开垦、滥挖、樵采等多种原因使草地生态系统遭到严重破坏，草地资源普遍趋于衰退状态。因此，及时准确地掌握草地资源的数量、质量、分布及其变化趋势，直接关系到草地畜牧业乃至整个国民经济的持续发展与规划，也关系到少数民族地区的安定与繁荣。国务院从 1979 年下半年组织开展了全国草地资源的统一调查，但经过了近 30 年，草地资源的空间结构、分布格局、数量、质量及其他属性特征又发生了不同程度的变化，因此亟待开展全国第二次草地资源调查，并在此基础上实现草地资源的优化利用。在研究上，采用将传统草地调查手段与现代 3S 技术相结合的科学方法，为大面积实时动态监测草地资源状况提供可能。

参考文献

［1］陈全功，梁天刚，徐宗保. 基于 3S 的甘肃省定西实验区生态环境本底调查及退耕还林还草检测［J］. 草业学报，2001（10）：91-98.

［2］韩清莹. 山西省草地资源遥感调查及研究［J］. 科技情报开发与经济，2009，19（10）：125-127.

[3] 赛里克·都曼，托乎塔生，郑逢令，等. 高分遥感在新疆草地资源与生态研究中的应用前景［J］. 草食家畜，2009（4）：12–15.

[4] 邹亚荣，赵晓丽，张增祥，等. 遥感与GIS支持下的中国草地动态变化分析［J］. 国土资源遥感，2002（1）：29–33.

[5] 刘兴元，梁天刚，郭正刚. 阿勒泰地区草地畜牧业雪灾的遥感监测与评价［J］. 草业学报，2003（12）：115–120.

[6] 王鹏新，陈晓玲，李飞鹏. 典型干草原退化草地的时空分布特征及其动态监测［J］. 干旱地区农业研究，2002，20（1）：92–94.

[7] 张志雄，周忠发，王金艳，等. 喀斯特石漠化环境下草地遥感调查与空间关系分析——以三都水族自治县为研究实例［J］. 安徽农业科学，2012，40（9）：5416–5417，5564.

[8] 张国祯. 北京市沙化土地现状评价及其防治策略研究［D］. 北京：北京林业大学，2007.

[9] 许端阳，李春蕾，庄大方. 气候变化和人类活动在沙漠化过程中相对作用评价综述［J］. 地理学报，2011，66（1）：68–76.

[10] Houghton J T，Jenkins G J，Ephraums J J. Climate Change：The IPCC Scientific Assessment［M］. Cambridge：Cambridge University Press，1990.

[11] 刘美珍，蒋高明，李永庚，等. 浑善达克退化沙地草地生态恢复试验研究［J］. 生态学报，2003，23（12）：2719–2727.

[12] 贾宏涛. 新疆退化草地围封的生态效益分析［D］. 乌鲁木齐：新疆农业大学，2007.

[13] 曹子龙. 内蒙古中东部沙化草地植被恢复若干基础问题的研究［D］. 北京：北京林业大学，2007.

[14] 张继义，赵哈林. 退化沙质草地恢复过程土壤颗粒组成变化对土壤-植被系统稳定性的影响［J］. 生态环境学报，2009，18（4）：1395–1401.

[15] 胡小龙. 内蒙古多伦县退化草地生态恢复研究［D］. 北京：北京林业大学，2011.

[16] 刘硕. 北方主要退耕还林还草区植被演替态势研究［D］. 北京：北京林业大学，2009.

[17] Turner R M. Long-term vegetation change at a fully Protected Sonoran desert site［J］. *Ecology*，1990，71（2）：464–477.

[18] Meissner R A，Facelli J M. Effects of sheep exclusion on the soil seed bank and annual vegetation in chenopods shrub lands of south Australia［J］. *Journal of Arid Environments*，1999，42（2）：117–128.

[19] 杨晓晖，张克斌，侯瑞萍，等. 封育措施对半干旱沙地草场植被群落特征及地上生物量的影响［J］. 生态环境学报，2005，14（5）：730–734.

[20] 徐海源. 内蒙古达茂旗天然草地退化原因及防治模式研究［D］. 北京：中国农业科学院，2006.

[21] 叶瑞卿，黄必志，袁希平，等. 退化草地生态修复技术试验研究［J］. 家畜生态学报，2008，29（2）：81–92.

[22] 李福生，斯日古楞，柴亚莲. 牧草返青期禁牧试验与研究［C］. 草原牧区游牧文明论集. 呼和浩特：内蒙古畜牧业杂志社，2000.

[23] 李愈哲，樊江文，张良侠，等. 不同土地利用方式对典型温性草原群落物种组成和多样性以及生产力的影响［J］. 草业学报，2013，22（1）：1–9.

[24] 王堃. 草地植被恢复与重建［M］. 北京：化学工业出版社，2004.

[25] 蒋建生，任继周，蒋文兰. 草地农业生态系统的自组织特性［J］. 草业学报，2002，11（2）：1–6.

[26] 黄欣颖，王堃，王宇通，等. 典型草原封育过程中土壤种子库的变化特征［J］. 草业学报，2011，19（1）：38–42.

[27] Fu Y，Lin C，Ma J，et al. Development of soil physicochemical properties in mining spoils affected by different vegetation types reclaimed in China［J］. *Chinese Geographical Science*，2010，20（4）：309–317.

[28] 徐敏云，李培广，谢帆，等. 土地利用和管理方式对农牧交错带土壤碳密度的影响［J］. 农业工程学报，2011，27（7）：320–325.

[29] 张芳，王涛，薛娴，等. 影响草地土壤呼吸的主要自然因子研究现状［J］. 中国沙漠，2009，29（5）：872–877.

[30] 杨红飞，穆少杰，李建龙. 气候变化对草地生态系统土壤有机碳储量的影响 [J]. 草业科学,2012,29(3): 392–399.
[31] Owensby C E，Auen L M，Coyne P I. Biomass production in a nitrogen-fertilized，tallgrass prairie ecosystem exposed to ambient and elevated levels of CO_2 [J]. *Plant and Soil*，1994，165 (1): 105–113.
[32] 任继周，梁天刚，林慧龙，等. 草地对全球气候变化的响应及其碳汇潜势研究 [J]. 草业学报，2011，20 (2): 1–22.
[33] 付刚，沈振西，张宪洲，等. 草地土壤呼吸对全球变化的响应 [J]. 地理科学进展，2011，29 (11): 1391–1399.
[34] Lellei-Kovács E，Kovács-Láng E，Kalapos T，et al. Experimental warming does not enhance soil respiration in a semiarid temperate forest-steppe ecosystem [J]. Community Ecology，2008，9 (1): 29–37.
[35] 贾子毅. 干旱区白刺荒漠生态系统土壤呼吸对增雨的响应 [D]. 北京：中国林业科学研究院，2011.
[36] Zhou X H，Sherry R A，An Y，et al. Main and interactive effects of warming，clipping，and doubled precipitation on soil CO_2 efflux in a grassland ecosystem [J]. *Global Biogeochemical Cycles*，2006，20 (1): doi: 10.1029/2005GB002526.
[37] Zhou X H，Talley M，Luo Y Q. Biomass，litter，and soil respiration along a precipitation gradient in southern Great Plains，USA [J]. *Ecosystems*，2009，12 (8): 1369–1380.
[38] 董云社，齐玉春，刘纪远，等. 不同降水强度 4 种草地群落土壤呼吸通量变化特征 [J]. 科学通报，2005，50 (5): 473–480.
[39] 吴琴，曹广民，胡启武，等. 矮嵩草草甸植被 - 土壤系统 CO_2 的释放特征 [J]. 资源科学，2005，27 (2): 96–102.
[40] 刘森. 大安市草地碳储量变化及影响因素研究 [D]. 吉林：吉林大学，2012.
[41] Bradley B A，Blumenthal D M，Wilcove D S，et al. Predicting plant invasions in an era of global change [J]. *Trends in Ecology and Evolution*，2010，25 (5): 310–318.
[42] Thuiller W. Biodiversity-Climate change and the ecologist [J]. *Nature*，2007 (448): 550–552.
[43] 陈彬，马克平. 全球变化对生物多样性的影响 [C].《2008 科学发展报告》. 北京：科学出版社，2008.
[44] Araújo M B，Rahbek C. How does climate change affect biodiversity? [J]. *Science*，2006，313 (5792): 1396–1397.
[45] 方精云. 全球生态学：气候变化与生态响应 [M]. 北京：中国高等教育出版社，2000.
[46] 周广胜，王玉辉，白莉萍，等. 陆地生态系统与全球变化相互作用的研究进展 [J]. 气象学报，2004，62 (5): 692–707.
[47] 买小虎，张玉娟，张英俊，等. 国内外草畜平衡研究进展 [J]. 中国农学通报，2013，29 (20): 1–6.
[48] 李银鹏，季劲钧. 内蒙古草地生产力资源和载畜量的区域尺度模式评估 [J]. 自然资源学报，2004，19 (5): 610–616.
[49] 林慧龙，侯扶江. 草地农业生态系统中的系统耦合与系统相悖研究动态 [J]. 生态学报，2004，24 (6): 1252–1258.
[50] 侯扶江，常生华，于应文，等. 放牧家畜的践踏作用研究评述 [J]. 生态学报，2004，24 (4): 784–789.
[51] 杨理，侯向阳. 以草定畜的若干理论问题研究 [J]. 中国农学通报，2005，21 (3): 346–349.
[52] 林慧龙，王钊齐，张英俊. 综合系统评价视角下的草畜平衡机制刍议 [J]. 草地学报，2011，19 (5): 717–723.
[53] 梁天刚，冯琦胜，夏文韬，等. 甘南牧区草畜平衡优化方案与管理决策 [J]. 生态学报，2011，31 (4): 1111–1123.
[54] 滕星，羊草草地放牧绵羊的采食与践踏作用研究 [D]. 长春：东北师范大学，2011.
[55] Bronstein J L，Alarcon R，Geber M. The evolution of plant-insect mutualisms [J]. *New Phytologist*，2006，172 (3): 412–428.
[56] Paige K N. Overcompensation in response to mammalian her-bivory from mutualistic to antagonistic interactions [J]. *Ecology*，1992，73 (6): 2076–2085.

[57] 董全民，赵新全，马玉寿，等. 放牧对小嵩草草甸生物量及不同植物类群生长率和补偿效应的影响 [J]. 生态学报，2012，32 (9)：2640–2650.

[58] Gao Y，Wang D，Ba L，et al. Interactions between herbivory and resource availability on grazing tolerance of Leymus chinensis [J]. *Environmental and Experimental Botany*，2008，63 (1)：113–122.

[59] 赵莳蒂，钱勇. 放牧对草地退化演替的影响 [J]. 青海草业，2011，20 (2)：28–33.

[60] Green D R. Rangeland restoration projects in western New south wales [J]. *Australian Rangeland Journal*，1989，11 (2)：110 –116.

[61] Wang L，Wang D L，He Z B，et al. Mechanisms linking plant species richness to foraging of a large herbivore [J]. *Journal of Applied Ecology*，2010，47 (4)：868–875.

[62] Wang L，Wang D L，Bai Y G，et al. Spatially complex neighboring relationships among grassland plant species as an effective mechanism of defense against herbivory [J]. *Oecologia*，2010，164 (1)：193–200.

[63] 王德利，王岭. 草食动物与草地植物多样性的互作关系研究进展 [J]. 草地学报，2011，19 (4)：699–704.

[64] 阿拉木斯，敖特根，王成杰，等. 克氏针茅草原种群特征对放牧强度的响应 [J]. 中国草地学报，2012，34 (5)：35–39.

撰稿人：王　堃　樊江文　沈禹颖　戎郁萍　林长存　邵新庆　黄　顶

草地经营与管理

一、引言

草地经营与管理是指使生产和经营活动能按经营目标顺利地执行、有效地调整所进行的一系列管理和运营活动。管理就是协调生产经营活动，实现目标的系统的工作过程。经营就是充分地利用、合理地调整和分配各种资源和生产要素，提高生产的经济效益，促进生产力的发展。经营是对外的，追求从外部获取资源和建立影响；管理是对内的，强调对内部资源的整合和建立秩序。经营是扩张性的，而管理是收敛性的，要谨慎稳妥，要评估和控制风险。经营与管理是密不可分的，经营中的科学决策过程便是管理的渗透。

草地是可以用于放牧或割草的植被及其生长地的总称，草地可以为家畜和野生动物提供食物和生产场所，并可为人类提供优良生活环境。草地的经营与管理具有典型的农业特性，最初发源于传统畜牧学，现代草地经营与管理学科已成为草学的基本分支学科。

狭义上的草地经营是饲料获得的组成部分，是利用和改良天然草地以及建立人工草地，草地利用制度、组织措施和技术方法及相应生产资料配置的综合，其目的在于为畜牧业提供足够的干草及青饲料。草地经营主要包括草地利用和草地培育，草地利用是以刈割干草和放牧利用天然草地地上牧草；草地培育是通过施肥、播种、灌溉、排水、草地轮作等培育措施提高草地牧草产量，改良土壤过程。

随着对草地在净化空气、调节气候、涵养水源、保持水土、改造土壤、防沙固沙、固碳供氧、承载文化等多重功能的认识，学者们为草地经营与管理学科赋予了更丰富的内涵。广义上的草地经营与管理学科是以草地生态系统的基本理论为指导，进行草地管理、利用和改造，以提高畜产品的产量与质量，实现草地的多种功能和可持续利用的科学。

草地经营与管理的科学理论与实践知识，对于正确处理天然草地全面保护、重点建设与合理利用之间的关系，指导草地畜牧业生产具有重要意义。草地经营与管理学科是研究科学利用和改良天然草场以及建立人工草地的经营管理理论与综合生产技术的一门科学。草地经营与管理学科主要任务在于为草原畜牧业的稳定、优良、高产提供物质保证和先进科学技术。该学科随着社会进步与科技发展，内涵得到不断调整与丰富，包括合理确定草地经营的形式和管理体制，设置管理机构，配备管理人员，掌握草地生态系统信息，进行经营决策，加强草地资源的开发、利用和管理，全面分析评估生产经营的经济与生态效益等。

二、学科现状与进展

（一）本学科发展现状及动态

1. 放牧管理学

全球草地面积约 5000 万 km^2，约占全球陆地总面积的 33.5%，其中温带草原的面积为 $9\times10^8hm^2$，现在已被人类利用的永久性草地 3304km^2，占陆地总面积的 23.5%，就世界范围而言，草地为反刍家畜提供大约 70% 的饲草（Holechek，1989；Hodgson，1990）。

放牧生态学是在生态学基本原理指导下，应用现代科学技术从事草地牧业生产的一门科学。放牧既是饲养牲畜的基本方式，又是培育草地的重要措施，介绍了草地与放牧家畜相互关系及放牧生态系统内在规律，并指导家畜放牧管理生产与管理实践，旨在提高放牧系统生产效率，实现放牧系统可持续能力的一门科学。

（1）*放牧管理的原理*

放牧管理主要指对牧食动物—牧草—土壤复合体获得给定目标的管理和治理。这一目标的实现需要综合生态学、经济学和动物管理学原理。所有放牧地通常所指的管理就是牧草管理，比如植物生长需求、牧草健康状况和再生状况、落叶或其他动物因素的影响、牧草产量的波动和季节影响。管理中同样重要的是动物管理，包括动物的表现行为、动物习性、营养物质的利用水平、动物所需的牧草质量、牧草适口性及动物的偏好。

放牧管理原理考虑的主要因素有最佳的载畜率、最佳的放牧季、最佳的放牧体系、最佳的单一或混合畜群以及最佳的放牧分布。然而，这几点的应用和它们之间的重点关系需要依据放牧地的种类、管理目的和潜藏的经济价值而定。为改良牧场设计的放牧管理措施，通常以在最短的时间内最大限度地提高动物性生产为目标；这样的牧场通常限制在不成熟阶段的牧草生长时期利用，具有延长生长时间的特点，牧草种类组成相对耐牧，优势种会适时的全部更新。相反，天然草地（与改良草地对比）植物种类组成复杂，有更多的限制生长的阶段，再生草长得慢而且可利用产量少，着重用于放牧，在植物冬眠时有相对较高的利用水平，但必须维护其长期的生产能力。

（2）*放牧理论*

当今对生态演替的许多认识，如状态转化模型、演替多稳态理论均出于对放牧系统中植被动态的研究。放牧系统草畜相互关系的补偿或超补偿性生长仍是处于争议中的理论问题；“中度干扰”理论、“等级理论”和“优化放牧假设”等的提出为放牧生态学奠定了理论基础。

最早对于草地植被种类组成改变的研究是基于 Clements 提出的经典演替理论模型

（Clements，1916）。该理论指出，所有的群落在没有扰动的情况下，最终都会达到一个稳定的顶级状态，扰动使群落发生改变，扰动后的演替在经过各种中间阶段的状态后最终还会回到群落的顶级状态。Sampson 在 1917 年将 Clements 的理论应用到了草地管理中，后来，Dyksterhuis（1949）又将其根据草地的利用强度和状况做了一定的改进，他提出，载畜率是决定不同阶段动态平衡时草地植被组成状况的主要因素。由于受干扰（放牧）和系统改变（演替）的双重作用，植被种类组成的变化会在一定的载畜率条件下达到一个动态的平衡。

1989 年，Westoby 等人对该理论模型进行了新的改进，提出了著名的状态转化模型（Westoby et al.，1989）。该模型延续了生态学的基础理论，即顶级群落演替、偶然事件的重要性和物种取代机制等理论（Drury & Nisbet, 1973；Connell & Slatyer, 1977），进而在群落动态平衡模式和演替的不可预测基础上，提出了放牧管理措施和外界环境因子变化对系统的重要影响，而且，该模型在后来的草地管理方面被广泛使用（Tamzen et al.，2003；Peter and Kimberly，2006；Briske et al.，2008）。但是，无论是 Sampson 的草地演替理论模型，还是 Westoby 等人的状态转化模型，都不能很好地解释放牧对群落组成的影响机制。在此基础上，Milchunas 等人（1988）提出了一个普适模型，该模型是建立在中度干扰假说的基础上，把放牧进化的历史与放牧强度、放牧时间的长短和食草作用结合在一起进行了综合考虑（Milchunas & Lauenroth, 1993），这一模型对于充分理解放牧对草地生态系统的组成变化影响具有重要的意义。

（3）放牧与草地生物多样性

草地放牧系统的可持续生产和有效的生态服务功能在于维持该系统的动植物之间的平衡关系，而维系动植物之间的平衡不仅在于动植物之间的“数量方面”（即体现动物的放牧强度和植物生产力的问题），更在于动植物之间的“质量方面”，而生物多样性（Biodiversity）的关系就是其中的主要问题。生态学家已经深刻地认识到，生物多样性在相当大的程度上决定了放牧系统的整体功能，而且生物多样性的变化是生态系统不稳定的一个不可忽视的重要因子。在草地放牧系统中的动植物界面（Interface of animal-plant）上，生物多样性的表现是突出而敏感的，因为植物多样性与动物的采食行为密切相关，正是由于植物多样性带来的采食环境异质性，导致了草食动物具有不同的食性选择策略；同样，动物的选择性采食行为又反作用于植物多样性，影响植物生产力，乃至系统的稳定性。那么，动物与植物多样性之间可能形成对草地放牧系统稳定性起关键作用的一种“双向反馈环”（Bi-directional feedback loop）。因此，对动物与植物多样性互作关系的深入研究，有益于更全面地阐释草地放牧系统稳定性与持久性（stability and sustainability）基础。通过对植物多样性与动物生产性能及生产力的作用分析，还可以为草地管理过程中的植被控制（如适宜的植物多样性水平）、放牧管理方式（较高效率的动物类群组合）提供可靠的、直接的理论依据。

（4）放牧行为研究

放牧生态系统是以土壤—植物—家畜间动态的、等级的互作效应为特点的（Coleman，1989）。在放牧条件下，当给予一定的时间进行限牧时，家畜不仅要决定是否采食，而且要决定采食的地点（群落或斑块）、植物种类、采食的植物部位及采食的程度。近年来，蹄类家畜的放牧策略及选择采食的机制已有许多研究（Malechek et al.，1986；Senft，1987；Arnald，1987）。Pyke 和 Schoener 将最优采食理论应用于大型食草动物，汪诗平等人研究了草地的空间异质性变化同家畜的采食行为之间的关系（汪诗平，1999）。

草食动物是影响植物群落组成和生态系统稳定的重要决定者。在草地生态系统中，平衡稳定的植物群落组成在很大程度上依赖于大型草食动物（如牛、羊等）的放牧活动，草食动物可以通过诸多方面对植物群落产生影响，诸如采食、践踏、粪尿沉积等，其中动物采食行为是影响植物群落的最直接作用因子。放牧家畜采食行为的核心问题是食性选择。

（5）*放牧制度与放牧地管理技术*

20 世纪以来，放牧生态学的研究日渐增多。许多学者对载畜量和放牧制度的理论、方法及其与植被、土壤、家畜之间的关系进行了专项或综合的研究（Campbell，1969; Heady, 1964；Hendy, 1994; Savory, 1980; Martin, 1978; Heitschmidt, 1987; Holechek, 1989; Hodgson, 1990; Vallentine, 1990; 王贵满，1985；皮南林等，1990；徐任翔，1982；施玉辉，1983；李永宏，1993；卫智军等，1995）。研究结果表明，高载畜率的强度放牧导致牧草生产力降低，碳水化合物贮量减少，适口性好的植物数量减少，进而导致植被逆行演替（王仁忠，1996；许志信，1990），生物多样性降低（杨持和叶波，1995）；同时，土壤理化性状恶化（许志信，2001；贾树海等，1999），家畜个体生产力下降（皮南林等，1990; 马琦，1992；卫智军和韩国栋，1995）。无论是连续放牧还是划区轮牧，过高的载畜率都会导致牧草生产率下降（皮南林等，1990；姚爱兴等，1995；Campbell, 1969；Carter 和 Day，1970；Reeve 和 Sharkey，1980）。在高载畜率下，草地植物叶面积变小，截获的太阳光能减少，降低了植物的光合能力（Davidson 和 Philip，1956；Vickery，1973），而且植物碳水化合物的储备水平下降（El Hassan 和 Krueger，1980）。高载畜率一般增加土壤表层的容重和孔隙度，降低水分渗透速率（Rauzi 和 Hanson，1966；Langlands 和 Bennett，1973）。高载畜率限制家畜的进食量，降低家畜个体生产力。然而，过低的载畜率对草地也有不利影响（White，1978）。过低的载畜率造成植物枯死物和老叶的积累，草地光合效率降低，导致草地生产率下降（Hodgson，1990）。总之，过高或过低的载畜率对草地牧草生产和家畜生产性能以及土壤理化性质都有不良影响，草地家畜数量是制约草地生产力和草地发展的重要因子。基于上述研究发现，美国、加拿大、澳大利亚、新西兰等国都严格规定了各类草地的载畜率，实践证明这对草地生产力的维持和草地畜牧业的持续发展有很重要的作用。

（6）*放牧管理设施与牧场建设*

饮水点、食盐地和供给点是间接设施，围栏和牧场是规范放牧分布的直接手段。在放牧地需要有大量的围栏来满足放牧的需求，围栏的类型和设计根据放牧家畜的种类而定。一旦围栏的类型和设计符合家畜的需要，围栏的作用就极为重要。研究表明，不同的草地类型、不同的地形分布是决定草地围栏设置的主要因素，如河边地带或灌溉地区，需要采用围栏管理方式达到最佳管理效果，在新播种和未播种地区建立和预防不同放牧设施来保护新的草料种子可能需要围栏等。建在沿着山脊或不同分水岭分割线上的围栏，减少了放牧家畜的行走时间，防止它们从一个区域走到另一个区域，极大地减少了行程，增加了家畜放牧的效率。

体重和动物状况、动物的不同生产阶段、动物的活动量以及环境因素将影响放牧动物的需水量。Winchester 和 Morris 估计，当大气温度从 40 华氏度升高到 90 华氏度时，放牧牛的水摄入量明显增加，母牛从 11.4 加仑增加到 16.2 加仑；600 磅小母牛的水摄入量从 5.3 加仑增加到 12.7 加仑（Winchester 和 Morris，1956）。

2. 草地火烧管理学

（1）草地火对生态系统的影响研究

A. Garcia-Villaraco Velasco（2009）研究了发生在地中海草地的火灾和阻燃剂对土壤微生物活性和功能的多样性的影响，研究结果认为，在土壤微生物尺度上地中海草地对火有较强的适应力和抵抗力，草地火可以使土壤性质发生物理、化学及生物变化。高强度的火对土壤可造成的典型作用主要有：有机质和养分损失；微生物群落改变；团聚体稳定性受到影响，导致土壤退化。火灾对土壤的影响的研究主要集中在对氮元素转换、土壤拒水性、土壤性质发生的物理和化学及生物影响，土壤微生物以及水文地貌的影响。J. Mataix-Solera 等（2011）研究了火灾对土壤团聚体的影响，当前的研究很少从这一角度去研究火灾对土壤的影响。Marlin Bowles（2011）研究了稀树草地的草地火导致的树冠层及地表面植被动态变化，研究发现重复的火烧引起冠盖层的减少，却增加了物种丰富度。近些年来关于草地火与植被的关系研究多集中在火对植被保持的作用上。Accatino（2010）研究认为热带稀树湿润草地具有火依赖性，在长时间段内，火可能是保持草地草本植物群落健康的仅有管理工具，突然增加的火灾可能会导致热带稀树草地向草地转变。Madhusudan P. Srinivasan（2011）研究了在印度南部 Nilgiris 地区的侵入物种——金雀花在山地草地火作用下的苗木发芽成功率及成活率，研究认为有计划的火烧可以有效地控制金雀花的入侵。

草地火对动物的影响研究多集中在对草地无脊椎动物的影响方面。主要有线虫，还有一些对菌根或菌类、蘑菇的影响研究。Litt et al.（2011）研究了草地火和外来植物对草地小型哺乳动物的相互影响。研究发现，草地火发生后，在外来物种占优势的地区的小型哺乳动物种群会向由本地物种占优势的方向转变，表明草地火对小型哺乳动物栖息地有修复作用。Demarais 等（2011）研究了草地火灾对美国新墨西哥州的奇瓦瓦沙漠北部的小型哺乳动物数量和植被的短期作用，发现火烧并没有影响小型哺乳动物物种丰富度和物种多样性。

（2）草地火行为研究进展

草地火行为研究作为异质燃烧领域的一部分，包含了多项复杂的物理机制，它主要是研究不同尺度的物理化学燃烧过程及燃烧现象与环境之间的相互作用。草地火行为研究是开展与草地火灾有关研究的基础。在火生态研究兴起之前已得到充分重视。火强度、火焰高度和火蔓延速度是火行为的 3 个重要指标。草地火行为是指草地可燃物在点燃后所产生的火焰、火蔓延及其发展过程。它通过利用野外实验和室内模拟手段研究草地火速度、火强度、火烈度、火形态、火烧迹地形状及其与气象因子、可燃物、可燃物特性的关系。初期对草地火行为的研究主要集中于建立自然因素与火行为关系模型，未考虑火扩展的时间和空间特征。在自然界中，可燃物特征（可燃性、承载量、湿度、连续度）是草地火能否引燃及蔓延的重要因素。

可燃物是草地火蔓延的重要介质，也是草地火行为研究中的一个重要因子，可燃物的研究始终贯穿于草地火灾研究过程之中。在早期的草地火行为研究中，由于研究手段、研究方法等限制，对可燃物的特征获取主要依靠人工调查。目前虽然人工调查仍然是可燃物特征获取的一个重要手段，但是对于大尺度可燃物特征获取，或者对于未知区域可燃物特征获取，人工调查手段都将花费大量的人力物力。随着光学遥感和微波遥感的发展，利用遥感技术获取可燃物特征显得尤为重要。利用遥感技术获取可燃物特征，并将结果应用到草地火险和草地火灾风险研究中已经成为植被遥感的热点。

草地可燃物分为地下部分、地表部分和空中部分。地下部分主要是腐烂的枯枝落叶、腐殖质层等，地表部分主要是倒伏的干草、未腐烂的枯枝落叶、立枯体，空中部分主要是一些灌木丛。其中地表可燃物特征是影响草地火行为的主要因素，这些影响因素主要有：可燃物承载量、可燃物含水率、可燃物连续度、可燃物床厚度等。目前对草地可燃物特征的研究主要是对草地可燃物承载量和可燃物含水率的研究。其中估测可燃物含水率主要有4种方法：遥感估测法、气象要素回归法、基于过程模型的方法、基于时滞和平衡含水率的方法。目前正在逐渐开展草地可燃物的可燃性研究。

（3）草地火险研究

火险是指火灾发生的危险性，或者称为险情，或者说着火的可能性。火险体现了一个地区火的成熟度，是一个地区火环境综合表现的结果。有关火险的定义有数种，在傅泽强等人的研究中，对火险进行了如下的定义：火险反映了林地或草地在所有因子作用下的火成熟状态，即可燃性，它可分为潜在火险和现实火险。前者反映了在不考虑火源的情况下，林地或草地的自然火险状态；而后者则表示在高火险状态下加上火源时的火险状态，也即火灾。对于野火的研究，火险可以归纳为气象火险和可燃物火险。气象火险主要针对天气、气象条件对火险天气或者火险气象进行研究；可燃物火险主要针对可燃物类型及可燃物湿度进行火险预报研究。初期的火险研究主要是研究天气、气象条件对火灾的影响，主要根据每天的主要天气要素，如气温、湿度、风、降水、可燃物含水率和连续干旱情况等，按特定方法计算，将可燃物的易燃性划分为若干等级。随着对火险预报精度要求的提高，目前火险研究逐渐考虑综合要素的影响，其中社会因素（如人口密度、距离居民点的距离、距离道路的远近等）也被作为影响火险的重要因素而被考虑其中。

近年来，借助高空间分辨率和高时间分辨率遥感技术，火险研究者对火灾可燃物的特征进行遥感监测，并进行火险预测研究。目前，这些研究多集中于森林火灾研究，特别是植被盖度较大的地区。由于基于卫星遥感的火险监测研究多基于植被指数，因此，这些研究对于草地可燃物特别是防火期内可燃物的火险研究具有一定的限制。在草地火灾发生的危险情况下，有关土地管理的草地火预防和行动的发展是必不可少的，特别是在草地和城镇的（WUI）交界面上，由于这些区域独特的地理位置，这些区域的火险研究得到很多的关注。

从目前的火险研究趋势来看，火险研究都是向着精确化、快速化预测方向发展。在选取指标上也从简单的气象指标、可燃物指标等向综合指标方向发展。在时间尺度上，火险的潜在性评价的尺度通常在基于长期（静态）和短期（动态）指数，或综合评价系统，包括长期和短期的变量产生潜在的火险环境。静态火灾风险指数基于在短期内不变化的变量，即可燃物多年承载量、社会经济条件的缓慢年变化和假定不变的地形条件。动态指数，主要是在气象因素和植被条件的基础上，给出起点火概率和火灾蔓延的能力信息。由于可燃物结构和含水率条件影响起火和传播，因此，近 10 年来，基于可燃物含水率度量和估测的方法得到较快的发展，静态和动态模型的综合进一步完善了火险模型。

（4）草地火灾风险研究

草地火灾风险评价方法对草地火灾风险评价起着至关重要的作用。相对于草地火灾的其他部分研究（相对于火行为和火险研究），草地火灾风险评价与风险管理研究的兴起相对较晚。早期的火灾风险研究主要以影响草地火灾的单一要素进行风险评价，主要以天气和可燃物湿度中某一方面为研究对象。随着对灾害系统的不断认识，草地火灾风险评价要素也由原来的单要素风险评价变成多要素风险综合评价，同时利用 RS、GIS 技术对获取燃物、地形等空间数据并进行风险评价与区划的研究也开始出现。

草地火灾风险评价是在识别风险的基础上，对草地火灾风险进行定量分析和描述。由于野火风险系统形成的复杂性，很多线性理论和方法很难对其进行研究，再由于野火样本相对较少，野火风险的定量化一直是野火风险评价的一个难题。利用各种手段进行野火风险定量化已经成为目前研究的热点问题。概率论和非线性理论等一些方法被应用于野火风险评价中，其中以蒙特卡罗法、层次分析法、幂次定律分布、大数定律、模糊集理论、遥感、地理信息系统等技术方法应用最为广泛，并开展了利用上述方法和野火风险指数模型法进行评价野火风险的研究，并在研究中开展了城乡交界面处野火风险研究。其中，将遥感和 GIS 技术结合，实现野火风险评价数据采集实时和自动化、风险评价快速化是现代森林草地火灾风险评价的一大特点。

3. 草原法律

草原法律在确立草原资源的利用目的、利用权限、利用方式和利用程度中发挥着巨大作用。草原立法是草原可持续发展战略和政策的定型化，是对草原进行法制化管理的重要途径，是草原可持续发展战略付诸实现的重要保障。学术界对草原法律的概念可以将其概括为：为了保护、建设和合理利用草原，改善生态环境，维护生物多样性，发展现代畜牧业，促进经济和社会的可持续发展，而由国家制定或认可并由国家强制力保证实施，旨在调整人们在保护、建设、利用和改善生态环境的活动中所产生的各种社会关系的行为规范的总称。草原法律体系包括国家级草原法和地方性法规等。从法律效力的层次来看，草原法律体系主要包括几个组成部分：①宪法关于保护草原资源环境的规定；②国家草原法；

③有关草原资源的单行法；④其他部门法律中关于保护草原资源的法律规范；⑤地方性法规；⑥国家和地方有关草原的标准、规程。

社会需要从草地上获取不同的产品，如家畜生产、野生动物栖息地、休闲、流域保持、美学欣赏、矿藏、化石燃料、自然保持等。而草地的这些服务功能常被视作相互冲突且互不相容的草地法律努力结合管理实践，力图反映所有的资源管理目标并实现自然资源管理的根本目标。

（二）学科进展及研究成果

1. 草地放牧管理进展

近几十年来，随着草地生态学的发展和人们对放牧生态学研究兴趣的增加，许多学者把研究集中于放牧理论上，并提出了一些假说，如放牧优化假说、载畜率假说，等等。载畜率假说是针对载畜率与单位家畜增重之间的数学模型提出的，如线性模型（Reive，1961；Jones 和 Sandland，1974）、曲线模型（Mott，1960；Peterson 等，1965；McMeekan 和 Walshe，1963；Noy-Meir，1975，1978）。这些不同模型的获得是所引用的试验数据造成的（Hart，1993）。这些假说的证明及理论的进一步阐明都需要大量的系统、全面的试验和模型模拟研究。李文建（1996）利用数学模型成功地研究了天然草地的载畜量对植物地上净生长量的影响，在理论上进行了有益探讨。

（1）放牧对草地生态系统的影响

放牧家畜的采食和践踏影响植物的生长和耐性，匍匐生长或分蘖性强的种群较适合于放牧（Hodgson，1981）。一般情况下，植物有多种适应机制来保护其与非生物环境和放牧家畜协调共存，并在群落中与其他种竞争。我国许多研究者分别对高寒草甸、典型草原、草甸草原和荒漠草原等在放牧条件下的植被演替规律进行了研究，均发现随着放牧强度的增大，群落中主要植物种的优势地位发生了明显的替代变化，这与其生物生态学特性和食草动物的采食行为密切相关（李永宏等，1997；王德利等，1996；杨利民等，1996；李建东，1995；李永宏，1988，1992，1993，1994；Li，1989，1991；张堰青，1990；王仁忠等，1987；昭和斯图，1987；刘显之，1986；阎贵兴，1982；李德新，1980；李世英，1964）。

目前，有关放牧对草地的影响研究主要集中在放牧对草地植被状况和土壤性质方面（姚爱兴等，1995；韩国栋，2000；许志信，2001；纪亚君，2002；张蕴薇等，2002；侯扶江等，2004；杨智明等，2004；杨刚等，2005）。研究结果表明，过度放牧会造成草地状况的急剧退化，Macharia 和 Ekaya（2005）在肯尼亚 Mashuru Division 地区的研究表明，在过度放牧情况下，草地状况呈下降趋势，并会对未来 30 年的草地生产状况造成极大影响。在内蒙古锡林郭勒盟的羊草草原，正常草场与重度退化的草场相比，草群盖度由 37% 下降为 12.2%，植物株丛数由 245 株（丛）/ 米 ^{2} 下降为 118 株（丛）/ 米 ^{2}；多年生根茎禾草羊草等优良牧草的重量由 185.5g/m^2 下降为 29g/m^2，而有毒、有害杂草的重量由 4g/m^2 增加到 79g/m^2（许志信，赵萌莉，2001）。另外，过度放牧不仅影响植物地上部分生长，而且也影响地下根系的生长。

研究表明，过度放牧一方面对草地植被造成直观的影响，使植物的根量减少，根系变短，草地生产力下降；另一方面，过度放牧还使土壤的物理性状发生变化，虽然这种变化对放牧的反映比较缓慢，但持续高强度的放牧会对草地形成不可逆转的影响（张伟华等，2000；戎郁萍等，2001）。

（2）放牧影响草地植物的数量

放牧会引起植物在分蘖产生、分蘖寿命以及物候发育阶段的改变，并最终影响种群结构和植物构造。种群的结构包括种群的密度、分布尺度以及种群的年龄结构等，这些都与放牧抵抗力、竞争能力及种的持续性有密切的关系（Donald 和 Ronald，1995）。放牧对种群数量的影响主要表现在种群结构方面，在天然草地上，放牧引起种群最大的改变就是植物基部面积的降低和总密度的增加，这两个过程主要是由种群中较大个体破碎化造成的。这说明了放牧引起了种群的退化，使得单位面积上的分蘖数量和基部面积降低，最终降低了植物的生产力及其在群落中的竞争力。

（3）放牧还会影响草地的初级生产力

20 世纪 70 年代中期，放牧适宜假说达到了空前的统治地位（Holechek，2004），该假说认为，适当的放牧比不放牧能够使植物的生产力达到更高的水平，该理论还提出，被放牧的植物体现出一种明显的机制，即放牧能促进植物的生长率，这种效应对于不放牧的植物来说，即使人工移除生物量也达不到这样的效果。但是，这一观点在后来引发了生态学家和自然资源管理者的一系列争论（Wilson，Macleod，1991）。Altesor（2005）等的研究表明，在放牧的条件下，群落地上净初级生产力比围封草地的净初级生产力要高 51%，但是，在围封样地内模拟放牧情况下，地上净初级生产力最大，比放牧草地还要高出 29%。韩国栋等（2001）在短花针茅草原上对草地植物净生产量进行研究发现，不同放牧制度下的草群都表现出不同程度的补偿性生长，即适宜的放牧促进了植物的生长，提高了草地群落的生产力。同时，李政海等（1999）在内蒙古锡林郭勒盟白音锡勒牧场的研究也同样说明，轻度放牧可以刺激植物的补偿性生长，促使群落生物多样性增加，并使其初级生产力保持稳定。李勤奋等人（2002）在内蒙古苏尼特右旗的放牧试验表明，大量家畜的践踏是导致牧草保存率低的一个重要因素，这也从另一个侧面反映了放牧对草地生产力的影响。彭祺等（2004）也认为，适当强度的放牧对草地植物的分蘖、繁殖有利，并且有利于草地植物的补偿性生长，提高草地产草量。刘艳等（2004）的研究也证明了放牧条件下，植物补偿和超补偿现象的存在。

（4）放牧会引起草地空间异质性改变

就草地的斑块化与空间异质性而言，国外许多学者对此做了大量的研究，不同的学者对此有不同研究结果。Bisigato 和 Bertiller（1997）等人的研究表明，放牧使较大的植被斑块破碎化，同时，随着放牧强度的增加，草地上会有新的植被斑块出现，在不同的退化梯度中，按照植物功能群可以划分成类型相同的斑块。Teague 和 Dowhower（2003）在不同的放牧制度下研究了草地植被的斑块动态，结果显示，无论是休闲轮牧还是持续放牧，选择性的斑块放牧都使草地状况发生退化，使多年生的优良牧草逐渐被一年生植物所取代，进而退化为裸地。放牧对草地植被斑块化的影响主要体现在空间异质性方面，研究表明，随着放牧强度的增加，空间异质性降低，但也有结果显示，随放牧强度的增加异质性增高。Van de Koppel（2002）等人对半干旱放牧系统的研究表明，在半干旱草地生态系统中，系统对放牧家畜的多少和植被密度的大小反应非常敏感。Adler 等人（2001）的研究结果显示，随着放牧强度的增加，草地空间异质性呈降低趋势。国内在这方面的研究尚不多见，大多数研究集中在草甸草原与典型草原区。汪诗平等（2001）在锡林河流域对冷蒿草原的植物多样性研究表明，不同放牧率对物种丰富度的影响不大，但植物多样性和均匀度随放牧率的增大而下降，群落优势度却随放牧率增大而增大。刘先华等（1998）在内蒙古典型草原上的研究也表明，随着放牧率的增大，羊草和大针茅的空间分布随机性减小，空间自相关尺度增大。

（5）放牧会对草地土壤特性产生影响

关于放牧对草地土壤的影响，国内外已有大量研究（Dormaar，Willms，1998；牛海山，李香真，1999）。贾树海等（1999）在内蒙古锡林郭勒盟白音锡勒的研究表明，放牧压对土壤容重的影响仅限于 0 ~ 10cm，其中以 0 ~ 5cm 最为明显，然而其土壤硬度（0 ~ 20cm）则随放牧强度增加呈先增后减趋势；同时，0 ~ 20cm 土层毛细管持水量在一定放牧压内随放牧压增加而增大。这与戎郁萍等（2001）在河北承德鱼儿山研究所得结论相一致：随放牧强度增加，土壤表层 0 ~ 10cm 容重增大，土壤变得紧密，渗透率降低。姚爱兴（1995）在湖南南山牧场的研究表明，放牧强度增加导致土壤紧密度增加、容重上升、透气性变差、含水量下降，并且，这种影响是随土层深度的增加而减小的。牛海山（1999）指出，随放牧率的增加，饱和导水率降低，且呈显著的回归关系，但不呈趋势性变化。Kay 等人（1999）研究发现，土壤小动物的数量随着放牧干扰的减少而增多，这种变化可以用于敏感地监视外界对荒漠草地土壤的压力。

土壤中的碳和氮是决定土壤状况的最关键的两种物质，放牧对它们的改变会直接影响到草地土壤肥力和生产力状况。放牧可以改变土壤中的碳循环（Pieiro 等，2006）。土壤有机质是最大的有机碳库，占整个草地生态系统有机碳的 90% 左右（Burke 等，1997）。放牧通过影响草地植被覆盖度进而引起草地土壤碳循环的改变，光合作用固定大气中的二氧化碳，而土壤的呼吸要释放二氧化碳到大气中，二者的平衡与放牧有密切的关系。大量学者的研究发现，放牧使土壤中的有机碳含量降低（Frank 等，1995；关世英等，1997b；裴海昆，2004）。但是，也有人通过常年试验研究，得出了完全相反的结论（Henderson，2000；Reeder，Schuman，2002）。Smoliak 等（1972）在较干旱的 Stipa-Bouteloua 草原上研究发现，放牧 20 年的重牧区土壤碳含量增加；Bauer 等（1987）研究发现，北美大平原上未放牧草地中有机碳含量高于放牧地；Schuman 等（1999）在北美混合型草原也得出了类似的结果。

（6）放牧对家畜生产性能有很大的影响

家畜的牧食行为是草 – 畜关系中，第一性生产向第二性生产转化环节的重要影响因素，决定着家畜的生产性能，反之，家畜对牧草的利用和畜产品的转化又对草地产生反馈作用，是草地放牧系统中的重要环节（尚占环等，2004）。随着放牧生态学的发展，放牧家畜的牧食行为得到了越来越多的研究。有研究报道，在放牧强度较轻时，家畜生产随着载畜量的增加变化不大，但在适牧和重牧情况下，家畜生产性能随载畜量的增加而直线下降。Hart 等（1988a）将家畜生产性能与载畜量间的函数关系描述为：增重 / 头＝ a–bH。Bement（1969）在格兰马草地上也得到类似的结果，他认为该方程只适用于湿润地区的改良草地。皮林南（1985）研究了载畜量对藏羊生产的影响，发现随载畜量增大，家畜增重下降，他的研究指出，草食动物存在着连续性和非连续性稳定系统，前者单位面积生产力随载畜量增加而上升到最大值，然后随载畜量的增加又逐渐下降，这与 Hart 提出的方程：增重 / 公顷 $=aH-bH^2$ 是一致的。而在非连续性系统中，家畜生产力随载畜量增加达到最大值，但当载畜量的增加超过临界值时，其生产力会逐渐下降，甚至下降为零。

（7）植物和动物的相互关系

目前，植物的补偿生长分为 3 类：①超补偿生长，放牧后生物量增加；②等补偿生长，植物在放牧下生长情况变化不大；③欠补偿生长，有的植物比较敏感，少量采食其生长即受到抑制。McNaughton（1979）列出了植物进行补偿作用的 9 种机制：①增加残留组织的光合作用率；②植物体内营养物质的全新分配;（根—地上部，老叶—新叶）；③增加疏枝冠层的光透射；④清除仍需资源的低效组织；⑤降低衰老速度；⑥生长激素的全新分布；⑦提高土壤水分保存率；⑧营养元素的再分布和再循环；⑨生长刺激物的引入（唾液）。充分理解植物补偿作用机制，对于制定合理有效的放牧管理措施具有重要作用，而对这种机制的理解在很大程度上取决于放牧动物的活动。

觅食行为和日粮选择在放牧系统中扮演着关键角色，不仅由于其联系着初级生产和次级生产，而且还因为它涉及草食动物的选择性，在植物种群生态上产生居间调节和局域化的影响（Grant et al.，1995a；Brown 和 Stuth，1993）。虽然众多学者认识到了它的重要性，但对于其机制并不明了。最近的试验途径提出了一些关于日粮选择的基本功能和机制，例如，Newman 等人和 Parsons 等人指出，日粮的选择受动物状态、动物目前的经验和空间资源的分布限制等多方面的影响（Newman et al.，1994；Parsons et al.，1994）。

（8）放牧制度

在半干旱草原区，轮牧制度（放牧家畜在几个小区内轮流放牧，不放牧小区的休闲时间一般为一年）常常被认为是改善草地状况、提高家畜生产性能的一种管理方法。它的主要作用机制决定于放牧后的休闲时期，该时期将给植物提供一个重新进行光合作用、合成有机体组织和储存能量的机会。但是，放牧制度一般很难实现预期的目标，而且，人们想通过调整放牧制度来达到的一些目的很不现实。所以，我们认为他们的期望根本无法实现，而且是建立在一些错误的前提之上的。他们所提出的几个轮牧的前提是：给植物提供一个必要的休闲期以达到最优的叶面积、最优的光合作用，并允许植物生产种子和进行更新。然而，放牧制度并不能影响家畜对植株个体分蘖的采食频率，碳的吸收和利用相等的补偿点在放牧后不久就会出现，多年生植物的更新与每年的种子生产并没有非常密切的关系。相反，所有的这些因素都受到放牧压力的影响，所以放牧压力（通过载畜率来调整）在草地管理过程中最关键，而放牧制度并不能避免由于过度放牧所造成的影响。

（9）水源的管理

对于牛来说，在自由取食状态下，它们对水的消耗量取决于自身的生理需求，这种生理需求受周围环境及牛的哺乳状态的影响（Daws 和 Squires，1974）。Mathison 估计，当温度达到 25℃时，牛对水的需求超出了它们实际需水的范围。然而，水的自由摄取量还受牛的喜好、水温以及饮水距离和坡度等物理性限制因素的影响（Lofgreen et al. 1975）。

草地上水的质量常常受到一些污染物的影响，这些污染物有的来源于养分的溶解，有的来源于包含大量养分和寄生虫（鞭毛虫和隐孢子虫）在内的排泄物的沉积。起源于海岸岩床的深井水一般含盐量比较高，水沟中的水多数是来源于地表径流的积累，所以它包含有多种可溶性养分，当牛直接进入水沟饮水时，水又被排泄物进一步污染。所以，在草地上，由于饮用水的质量不同，家畜的生产性能也不一样。

2. 草地火管理学进展

（1）草地火行为特征和模型初步研究

通过室内外燃烧试验和模拟，主要完成了草地可燃物量、可燃物床与火行为、地形因子与火行为、气象因子与火行为关系等内容的研究，初步揭示了草地火行为特征及其影响因素，并通过逐步回归分析，建立了可燃物量和风速与火强度的相关关系方程，使火强度的估算更为简单、快捷。根据野外草地火扑救方式，提出了草地火强度等级划分标准。利用此分级方法和标准可以直接在草地火灾害预测与评估、火灾扑救措施制定与人员分配以及防火安全等方面进行应用。

（2）草地火灾风险形成机制研究

根据自然灾害风险形成机制和草地火灾风险定义及构成因素，草地火灾风险是危险性、暴露、脆弱性和防火减灾能力相互综合作用的结果，以此为基础可以得出草地火灾风险的定量描述公式如下：

草地火灾风险 = 危险性（度）× 暴露（受灾财产价值）× 脆弱性（度）× 防火减灾能力

损失或破坏

（3）草地火灾风险评价体系研究

我国草地多数分布在干旱、半干旱的北方地区，草地区春秋两季气候干旱、风大、日照时数长、地表可燃物丰厚、草地火灾频繁发生，经常造成突发性灾害。草地火灾发生的原因极为复杂，涉及天气、气候、地形、植被等自然界各种有关的因素以及社会因素，因此其发生具有一定的随机性和不确定性。因此，开展草地火灾风险研究非常必要。目前，草地火灾风险研究主要以燃烧理论、灾害系统理论、风险管理等多学科理论为基础，并在此基础上，综合分析了草地火灾危险性、暴露性、脆弱性和区域防灾减灾能力 4 个方面的因素，建立了一个多要素综合的草地火灾风险评价指标体系，在草地火灾风险评价体系中，既考虑了影响草地火灾的自然因素，又考虑了社会因素，评价结果更符合实际。

3. 中国政府关于草畜平衡奖励机制

为扭转草原地区自然资源和生态环境的进一步恶化、恢复草原可持续发展的生态系统，从2000年开始，国家加大了对西部草原保护建设的投入，实施了一系列的草原生态保护建设项目。自2003年退牧还草工程实施以来，中央累计投入209亿元，惠及181县90多万农牧民，取得了明显成效。一系列草原保护建设工程在很大程度上缓解了草原退化、草原生态环境恶化的趋势，使受损的草原生态系统得到了一定的恢复，草原保护建设取得了较好的生态、经济、社会效益。《2009年全国草原监测报告》监测结果显示，项目区草原生态逐步恢复，退牧还草工程围栏封育4503.5万公顷，工程区的产草量比非工程区提高了75.1%。但是，我国草原退化现象依然严重，草原生态环境“整体持续恶化”的趋势尚未根本遏制；传统草原畜牧业增长方式难以为继，草畜矛盾仍十分突出；草原灾害频繁发生，防灾抗灾能力仍很薄弱；草原生物多样性遭到破坏，毁坏草原资源现象时有发生，草原生态环境问题十分严峻。天然草原植被恢复与建设项目、草原围栏建设项目、天然草原退牧还草工程等项目，都是以项目为单位局部建设的，项目运行普遍反映出项目区草原生态环境得到改善，植被盖度、产草量明显高于非项目区。面对我国草原生态环境“局部改善、整体恶化”的局面，能否综合考虑牧区经济发展的全局，全面保护草原生态，成为促进我国草原牧区畜牧业可持续发展的关键。

三、展望与对策

（一）本学科未来几年发展的战略需求、重点领域及优先发展方向

1. 问题与挑战

我国草原退化现象严重，草原生态环境“整体持续恶化”的趋势尚未根本遏制，草原生物多样性破坏严重，草原生态环境问题仍然十分严峻，距离草原生态全面保护、实现我国草原牧区畜牧业的可持续发展任重而道远。

（1）草原生产力仍然低下、生产波动性大，生态环境恶劣

我国传统草原畜牧业增长方式难以为继，草畜矛盾仍十分突出。受自然和社会等因素的影响，我国牧区利用草原基本上仍然沿袭传统原始的粗放型经营模式，只注重数量增长，不注重质量效益，以牺牲草原资源与环境为代价发展经济，对草原生态系统造成了很大的破坏。2008年，全国重点天然草原的牲畜超载率为32%，其中，西藏、内蒙古、新疆、青海、四川、甘肃六大牧区的牲畜超载率分别为38%、18%、40%、37%、39%、39%。草畜不平衡，草场压力大，草原长期得不到休养生息，草原生产力不断下降，单位

面积草地产肉量为世界平均水平的30%，冷季牛、羊掉膘严重，草原畜牧业发展缺乏后劲，草原生态仍在整体恶化。

同时，由于天然草地生态系统的非平衡性，不同年际间、不同季节中单位面积内生物产量的波动性极大。如草甸草原产草量年际间的波动一般为30% ~ 40%，丰、歉年产草量相差1.2倍以上。典型草原年际间生产力波动平均为50%，荒漠草原及草原化荒漠产草量年际间的生产力波动可达60% ~ 70%，丰、歉年相差可达3倍以上。这种波动性严重阻碍了我国草原畜牧业的发展。

（2）草原灾害频繁，防灾、减灾、抗灾能力有限

我国是世界上草原灾害较严重的国家之一。近10年来，我国平均每年发生草原火灾数百起，鼠害面积约4000万公顷，虫害面积2000多万公顷，造成的直接经济损失达数百亿元。据不完全统计，我国平均每两年发生一次严重的旱灾。我国内蒙古、新疆、青海、西藏四大牧区几乎每年都有不同程度的雪灾发生，较大的雪灾差不多每隔几年就发生一次。以内蒙古为例，没有足够的饲草料贮备，在过去的50年内，因灾死亡的家畜达8760万头（只），其中1/3是由雪灾造成的。

我国草原防灾减灾面临的问题仍然严重：①对草原灾害重要性认识不足，防灾减灾队伍不健全，对灾害的预测能力有限，又缺乏迅速有效的反应机制，往往错过最佳救灾时期；②基础设施差，对突发性、暴发性虫灾应急反应能力有限，大型农药喷施飞机、机械落后，数量少，难以满足虫灾的防控需求；③没有专门的草原防灾减灾机构，尚未建立草原灾害监测预警体系；④草原防灾和减灾工作仍存在科技含量低、应急多于预防、未摸清成灾规律、对鼠虫害的治理方法仍未摆脱对化学药剂的依赖等问题。

（3）草原生态环境保护和经济协调发展面临巨大挑战

草原畜牧业生产方式不同于农区及城郊畜牧业，特别是干旱与半干旱草原自然条件比较严酷，植被稀疏，土壤贫瘠，单位草地生物量低。草原是一个自然生态系统，草原畜牧业最大的特点及优势在于合理利用天然植被而不破坏它的生态作用。草原畜牧业是一个对自然依附性极高、对人口的承载力较低的脆弱产业；是一个需要同时对草与畜进行双重经营与管理的产业，既要考虑草原的生态功能，又要获取最大化的畜牧业经济效益。因此，并不能通过简单地投入大量人力、物力、财力达到大幅度提高单位面积草地生产力的目的，而是需要草地经营与管理学科的理论与技术的不断创新，以保证草地资源的科学规划、合理经营与有效管理，这样才能在实现草地生态系统健康和国家生态安全的同时，又促进天然草地畜牧业的协调发展。

北方干旱、半干旱草原区属于内陆性干旱、半干旱区和荒漠区，是我国降水量最少的地理区域，水资源极度匮乏，生态环境非常脆弱。长期以来，盲目开垦、滥挖乱采、超载过牧等导致草原退化、沙化、碱化严重，植被覆盖率下降，风沙危害日趋严重，直接危害到京津地区。因此，对于该草原区生态环境的保护显得更加迫切。

青藏高寒草原区是我国长江、黄河、澜沧江等的发源地，地理位置极其重要。该区大部分海拔在3000米以上，自然生态系统脆弱，牧草生长期短，产草量低，而且长期以

来的超载过牧和干旱气候使得 1/3 的草原发生了严重退化，直接影响到长江、黄河中下游地区的生态安全。因此，国家对该区的管理重点也是以保护、恢复和建设天然草原植被为主，注重其生态功能。

北方干旱、半干旱草原区和青藏高寒草原区草地面积虽然大，占全国草地总面积的 76.12%，但是许多地方自然条件严酷，生态脆弱，因此，草原畜牧业的发展应该坚持生态环境保护和经济协调发展、生态优先的策略。

（4）政策法规保障体系仍显不足

牧民并没有考虑其短期经济行为带来的后果，也缺乏积极性投资实施草地恢复，草原的退化仍然没有得到有效的遏制，草原法落实和实施将是今后草原管理的主要问题。而对草地经营没有一定的生态标准，也会加剧草地的掠夺性经营。在我国西部广大牧区，草地资源产权落实得还很不彻底，还没有建立合理有序的草场流转制度和草畜平衡管理制度。现行的草畜平衡制度在实践中还存在许多缺陷。为此，应该加速推进草原承包责任制，尽快完善草地承包制政策，明晰草地资源产权，规范草场流转，实行草畜平衡制度，充分调动牧民管护草原的积极性。此处，我国各级草原监理部门监理手段落后，应进一步加强相应的装备和经费支持，切实加大对草原的保护和监管力度。

2. 战略需求

草原地区是我国最重要的草地畜牧业生产区域，在生产优质、无污染、低成本草食畜禽产品方面具有农区畜牧业不可比拟的优势，对于提高我国畜产品国际竞争力和维护我国食物安全意义重大，对于发展经济、提高人民生活水平、改善食物结构具有十分重要的现实作用和意义。

草原生态发展的中期战略目标是防止草原灾害的大规模发生，巩固现有可利用草原资源，扩大草原恢复治理的力度，加快人工草地建设步伐，提高草原产草量，高度重视草原资源的合理利用，缓解草畜矛盾，解决农牧矛盾，促进农业和畜牧业协调稳定的可持续发展。在牧区按照统筹规划、建立和完善草原基本保护制度，对人工草地、改良草原、重要的放牧场、割草场和自然保护区等具有特殊生态功能作用的草原类型实行严格的保护。在草场利用的同时，要切实制定可行的如草原禁牧、轮封轮牧、季节性休牧、舍饲圈养等行之有效的利用和管理方法，巩固禁牧封育成果，实行草畜平衡制度，形成草原可利用的长效机制。

3. 重点领域

气候变化和人为干扰对草地植被和生态功能的影响、草地资源的管理利用与保护建设、草地的适应性管理以及现代信息技术在草地经营与管理科学方面的应用等研究是今后研究的重点领域。具体包括：我国重要生态功能区退化生态系统恢复重建技术及评价体系研究；受损草地生态系统植被成分消长规律、土壤组分演变规律；草地植被修复生物物种、结构组成、能流物流变化规律；人工植被重建中植物种群的时空配置与群落稳定性维持机制；植物种群建植、竞争、繁殖和扩张特性及与环境的关系；营养物质时空异质性的变化；植物生理代谢的变化；确定草地受损的预警值和草地承载阈值；草地生态安全尺度下的放牧优化管理技术不同类型、不同退化程度的草地植被自然恢复的临界承载力、休牧、限牧临界点的确定；草地植物生长速率及其现存量季节动态；草地最适利用率、不同家畜饲草需求量及其季节格局；草地划区轮牧技术，等等。

4. 优先发展方向

草地资源的管理利用与保护建设、草地生态系统的结构与功能、草畜动态平衡等方面的研究需加大力度，特别是将高新技术领域的现代信息技术应用于草地经营与管理科学的研究还处于起步阶段，亟待提高。此外，气候变化和人为干扰对草地植被和生态功能的影响、3S 技术的完善、全天候草原灾害预警系统的建立、草地的适应性管理，也是以往研究所缺乏和不足的方面。

（二）未来几年发展的战略思路与对策措施

1. 指导思想

正确处理草原全面保护、重点建设与合理利用之间的关系，草原灾害防治与生态环境的治理应以预防为主。遵照自然规律，基于实际条件依据饲草的可利用数量，适时调整畜群数量和结构，合理规划和利用天然草地，实现草原畜牧业生产方式的转变。全面构建草地生态系统服务功能及评价体系。建设草原灾害的预警系统。以保护和自然恢复为主，人工辅助为辅的退化草地治理模式，坚持“生态、经济、社会效益并重，生态优先”的原则，实现草地生态健康持续发展。

2. 对策措施

加强理论创新与科学实践，紧密围绕国家重大需求和本学科重大科学问题，建立草地经营与管理科技创新体系；积极争取各类科研项目，以点带面，实施好重大重点项目；建设好各类科研平台，落实经费，优势互补，构建全国科研协作网络；抓紧培养科研拔尖人才，充实科研队伍，形成合理人才梯队，提高科研水平；鼓励资金充足、技术力量强的企业与教学科研单位联合申报科研项目，双方围绕生产中的关键技术进行研发或进行已有成果、技术的中试和示范推广，提高企业的技术水平。

参考文献

［1］杜青林主编. 中国草业可持续发展战略［M］. 北京：中国农业出版社，2006.
［2］Accatino F, DeMichele C, Vezzoli R, et al R. Tree-grass co-existence in savanna：interactions of rain and fire［J］.

J. Theor.Biol, 2010 (267) : 235–242.

[3] Baudena M, D Andrea F, Provenzale A. An idealized model for tree–grass coexistence in savannas: the role of life stage structure and fire disturbances [J] . J. Ecol, 2010 (98) : 74–80.

[4] Cassagnea N, Pimonta F, Dupuya J, et al. Using a fire propagation model to assess the efficiency of prescribed burning in reducing the fire hazard [J] . Ecological Modelling, 2011 (222) : 1502–1514.

[5] Castrillo'n M, Jorge P A, Lo'pez I J, et al. Forecasting and visualization of wildfires in a 3D geographical information system [J] . Computers &Geosciences, 2011, 37 (3) : 390–396.

[6] Corinne Lampin–Mailleta, Marielle Jappiota, Marlène Longa, Denis Morgea, Jean–Paul Ferrier. Characterization and mapping of dwelling types for forest fire prevention. Computers, Environment and Urban Systems, 2009, 33 (3) : 224–232.

[7] Demarais S, Monasmith T J, Root J J. Short–term fire effects on small mammal populations and vegetation of the Northern Chihuahuan desert [J] . International Journal of Ecology, 2010: 1–9.

[8] Dominique Morvana, Chad Hoffmanb, Francisco Regoc, William Mell. Numerical simulation of the interaction between two fire fronts in grassland and shrubland [J] . Fire Safety Journal, 2011, 46 (8) : 469–479.

[9] Hanan N P, Sea W B, Dangelmayr G, Govender N. Do fires in savannas consume woody biomass? A comment on approaches to modelling savanna dynamics [J] . Am., Nat, 2008 (171) : 851–856.

[10] Jesús Martínez, Cristina Vega–Garcia, Emilio Chuvieco. Human–caused wildfire risk rating for prevention planning in Spain [J] . Journal of Environmental Management, 2009 (90) : 1241–1252.

[11] Litt A R, Steidl R J. Interactive effects of fire and nonnative plants on small mammals in Grasslands [J] . Wildlife Monograph, 2011, 176 (1) : 1–31.

[12] Madhusudan P. Srinivasan, Ratul Kalita, Inder K. Gurung, et al. Seedling germination success and survival of the invasive shrub Scotch broom (Cytisus scoparius) in response to fire and experimental clipping in the montane grasslands of the Nilgiris, south India [J] . Acta Oecologica, 2011 (38) : 41–48.

[13] Marlin Bowles, Steven Apfelbaum, Alan Haney, et al. Canopy cover and groundlayer vegetation dynamics in a fire managed eastern sand savanna [J] . Forest Ecology and Management, 2011 (262) : 1972–1982.

[14] Mataix–Solera J, Cerdà A, Arcenegui V, et al. Fire effects on soil aggregation: A review [J] . Earth–Science Reviews, 2011 (109) : 44–60.

[15] Matthews S. A comparison of fire danger rating systems for use in forests [J] . Australian Meteorological Magazine, 2009 (58) : 41–48.

[16] Morvan D, Me'radji S, Accary G. Physical modelling of fire spread in Grasslands [J] . Fire Safety Journal, 2009 (44) : 50–61.

[17] Morvana D, Hoffmanb C, Regoc F, et al, Numerical simulation of the interaction between two fire fronts in grassland and shrubland [J] . Fire Safety Journal, 2011 (46) : 469–479.

[18] Muzya A, Nutaro J J, Zeigler B P, Coquillard P. Modeling and simulation of fire spreading through the activity tracking paradigm [J] . Ecological modelling, 2008 (219) : 212–225.

[19] Paolo Fiorucci, Francesco Gaetani, Riccardo Minciardi. Development and application of a system for dynamic wildfire risk assessment in Italy [J] . Environmental Modelling & Software, 2008, 23 (6) : 690–702.

[20] Sharples J J, McRae R H D, Weber R O, Gill A M. A simple index for assessing fire danger rating [J] . Environmental Modelling and Software, 2009, 24 (6) : 764–774.

[21] Schneider P, Roberts D A, Kyriakidis P C. A VARI–based relative greenness from MODIS data for computing the Fire Potential Index [J] . Remote Sensing of Environment, 2008, 112 (3) : 1151–1167.

[22] Velasco A, Probanza A, Mañero F J, et al. Effect of fire and retardant on soil microbial activity and functional diversity in a Mediterranean pasture [J] . Geoderma, 2009 (153) : 186–193.

[23] Xingpeng Liu, Jiquan Zhang, Zhijun Tong. Information diffusion–based spatio–temporal risk analysis of grassland fire disaster in northern China [J] . Knowledge–Based Systems, 2010 (23) : 53–60.

[24] Yohay Carmel, Shlomit Paz, Faris Jahashan, Maxim Shoshany. Assessing fire risk using Monte Carlo simulations

of fire spread [J]. Forest Ecology and Management，2009 (257)：370–377.

[25] Zhang Z X，Zhang H X，et al. Flammability characterisation of grassland species of Songhua Jiang–Nen Jiang Plain (China) using thermal analysis [J]. Fire Safety Journal，2011 (46)：283–288.

[26] Zhang Z X，Zhang H Y，Zhou D W. Using GIS Spatial Analysis and Logistic Regression to Predict the Probabilities of Human–caused Grassland Fires [J]. Journal of arid environments 2010，74 (3)：386–393.

[27] 柴晓兰，王志军. 浅析草原生态保护补助奖励机制 [J]. 新疆畜牧业，2011 (4)：14–16.

[28] 陈洁. 典型国家的草地生态系统管理经验 [J]. 世界农业，2007，337 (5)：48–51.

[29] 李博，迟嵩. 论美国草原保护法律对我国的启示 [J]. 黑龙江省政法管理干部学院学报，2009 (2)：124–126.

[30] 戎郁萍，白可喻，张智山. 美国草原管理法律法规发展概况 [J]. 草业学报，2007 (5)：133–139.

[31] 斯庆图. 我国草原立法协调发展的思考 [J]. 中国草地学报，2010，32 (2)：6–9.

[32] 王国钟，额尔灯宝力格，许怀军，高宏. 论草原法律体系建设 [J]. 内蒙古草业，2006，18 (2)：21–24.

[33] 徐柱，肖海峻，单贵莲，草原法律法规对草原资源保护的影响及作用 [J]. 中国牧业通讯，2009 (8)：24–26.

[34] 赵玉田. 草原法律法规及相关政策实施效果评价 [J]. 中国牧业通讯，2009 (12)：10–11.

撰稿人：张英俊　韩国栋　张继全　曹文侠　刘兴朋　黄　顶

草　坪

一、引言

（一）学科概述

草坪起源于天然放牧地，最初被用于庭院来美化环境。草坪是一类特殊的草地，此处的“草坪”与“草地”均为“草坪生态系统”和“草地生态系统”的略称。随着社会的进步，草坪伴随户外运动、娱乐地、度假地等设施的发展而兴起，以至今天广泛地渗入人类生活，成为现代社会不可分割的组成部分，而研究草坪的科学成为一门完善的科学——草坪学[1]。

草坪学是草学专业的一个重要分支，草坪科学在前植物生产层中起着骨架支撑作用。草学的前植物生产层的内涵丰富，包含了自然保护、水土保持、水源涵养和风景旅游等多个学科，其中任何一种业务都离不开草坪和草坪草。如果缺少了草坪和草坪草，前植物生产层不仅失去了骨架，也失去了灵魂。如今，草坪深入人类的生产和生活，对人类赖以生存的环境起着美化、保护和改善的良好作用，是建设人类物质文明和精神文明的一个组成部分。草坪在保护和改善脆弱的城市生态环境、美化环境和增强全民体质、发展体育运动等方面具有独特的作用价值。

发展经济，提高人类精神文明和物质生活水平是人类永恒的奋斗主题。而保护人类赖以生存的生态环境，美化人类居住地，提供人类与大自然接触和户外运动的场地，是人类社会对草坪业提出的更高要求，也是历史赋予草坪科学的崇高使命，使草坪学学科具备了丰富的内涵和外延。

草坪学是培养各类草坪草、草坪工程、草坪养护管理专业人才的一门应用科学。它隶属于草学学科，是草学学科的一个重要分支，即将草用于建立特种绿色生物地被或者运动场地。从内涵来讲，它主要是草坪的建植和养护管理，因此可以说是牧草栽培学、草地管理学、草原保护学的结合。从外延上看，草坪应为人类的生存提供舒适、美丽、环保、高品位的生活、工作环境，因此它又必须与风景园林、环境生态、体育运动、经济、文化等多个学科相融合[1]。

（二）学科发展历史回顾

我国老一辈草学和园林学家为中国现代草坪高等教育奠定了良好基础。早在 1980 年的中国草原学会（现中国草学会）临潼会议上，我国老一辈草学家任继周院士、黄文惠研究员、许鹏教授、彭启乾教授等在论及中国草原科学发展时，提出了发展草坪业及开展草坪教育的构想以及在高等农业院校开展草坪教育和进行草坪高等人才培养的建议，受到国家有关部门的重视[2]。

中共十一届三中全会后，随着草坪事业的迅速发展，许多与草坪有关的行业对草坪的专门技术人才表现出迫切的需求。到 20 世纪 80 年代，社会对草坪建植、养护管理的人才需求日益强烈，培养不同层次的草坪专业人员已成为草坪事业发展的必然。

1983 年，甘肃农业大学孙吉雄教授率先给草原科学专业硕士研究生开设了《草坪学》讲座，次年作为草原专业本科生选修课程列入教学计划，1989 年定为草原专业本科生的必修课。这样，我国在草业科学专业之下开始了草坪专业人才的培养。从 1986 年起，中国科学院植物研究所、甘肃农业大学、中国农业大学等先后开始招收草坪生态、草坪培育的博士、硕士研究生[3]。

20 世纪 90 年代初，草坪业得到迅速发展，草坪专业人才的需求也越来越大，面对这种形式，甘肃农业大学开始在高等农业院校设立草坪专业的探索和实践工作。在原有草学专业的基础上，1993—1995 年设立了草原与草坪方向。1994 年设立了城镇绿化与草坪专业，主要培养草坪及园林相关人才。

此后，随着草坪业的快速发展和人才需求的扩大，各高等农林院校开始逐步设置草坪学专业。2001 年，北京林业大学开设草坪专业，开始招收草坪管理专业本科生和研究生，成为我国最早开设草坪专业、培养草坪专业本科人才的高校之一。2002 年，北京林业大学和甘肃农业大学等高等农业院校开设专门的城市草坪和高尔夫球场草坪专业方向，课程从单一的草坪拓展到了牧草、园林、高尔夫经营、草坪管理等多方面。

从 2003 年起，北京林业大学、四川农业大学、沈阳农业大学等高校还和美国密歇根州立大学联合培养草坪管理人才，通过 5 年的学习，成绩合格者将获得美国密歇根州立大学和国内大学双学位，开创了我国草坪科学人才教育与世界草坪人才教育相结合的先河。

2005 年以后，设置草坪专业的农林大学和一些综合性院校逐渐增多。兰州大学、宁夏大学等综合性大学也逐步设置草坪专业。到 2010 年，国内开设草坪专业或草坪学课程的大专院校 26 所。

二、现状与进展

（一）本学科发展现状及动态

1. 学科发展现状

草坪业的不断发展和壮大对草坪专业技术人才与技术水平的要求也越来越高。我国于1985年率先将草坪学列为草原专业的选修课（甘肃农业大学草原系），到2004年，仅“草坪与环境”方向毕业的硕士生就有16名，在读博士6名，硕士10名。

为了适应草坪业的发展，我国从摸索草坪教学和人才培养，到编写第一本《草坪学》教材，再到设立草坪本科专业，历经20多年的发展，形成了本科、硕士、博士完整的草坪人才培养层次，建立了独具特色的草坪教育教学体系。2010年，国内开设草坪专业或草坪学课程的大专院校26所，草坪学已经纳入我国农业院校草原、城市园林绿化、林学、资环等专业和综合大专院校生物系的教学内容。目前，草业学院在读草坪科学方向本科生500余名，硕士200余名，博士50余名，此外尚有博士后10余名。

2. 学科发展动态

20世纪80年代，人们对草坪建植和养护管理技术和培训要求日益强烈，培养不同层次的草坪专业人才成为草坪学科教育的主要内容。随着我国城市化进程的加快及体育事业的迅速发展，草坪学科教学正逐步发生两个转变。一是草坪学科教育的内容由单一的草坪建植和管理技术，向多元化、综合化方向发展。二是教学模式由国内高校独立教学逐步发展为国内高校和国外草坪教育发达国家联合办学。

从草坪的应用本质出发，人类社会对草坪的需求就是草坪存在与发展的基石，草坪以其功能为社会多作贡献就是产业、科学与教育的追求。因此草坪业的发展是以人类社会对草坪日益增长的需求为目标。出于满足全方位为社会服务、扩大学科领域范围的需求，草坪高等教育的内容由传统的单一草坪建植和管理技术，逐步发展为以草坪建植管理技术为主体内容，同时包含草坪工程学、草坪美学、草坪文化、草坪与环境和草坪经济学等内容，向多元化和综合化方向发展。

我国的草坪教育在各方面的发展还不够成熟，而国外的草坪教育相对比较成熟，中外高校联合培养最大的优势在于让学生有更多机会接受先进的草坪教育。联合办学能发挥各成员高校的教学、科研等各种办学条件，实行资源共享、优势互补，可提高办学水平，培养高素质的草坪人才。2003年，北京林业大学、四川农业大学、东北农业大学和苏州农业职业技术学院共同与美国密歇根州立大学签署联合办学协议，联合开展“草坪管理本科学士学位项目”。项目于2003年开始招收首届本科生，目前已招生8届，毕业草坪专业学生3届200余人。办学实践证明，联合办学、充分利用国际资源是培养高质量草坪人才的一种有效途径，不仅能让学生接受国外的先进教育，还有助于我国的草坪学科学习国外先进的教育理念和教学经验，促进我国草坪教育的发展[4]。

当前，草坪业在我国刚刚起步，草坪科学也还处于年轻的阶段。但是，近二十年来，我国草坪科学和草坪业已获得了令人瞩目的发展，展现出草坪生态、草坪工程、草坪经济、草坪艺术、草坪文化多个发展方向和工作领域（见下图）。我们坚信，随着我国国民经济的发展、人民生活水平的不断提高和科学技术水平的进步，我国的草坪业必将迅猛发展，我国的草坪科学也将得到迅速提高而跃入世界的先进行列。

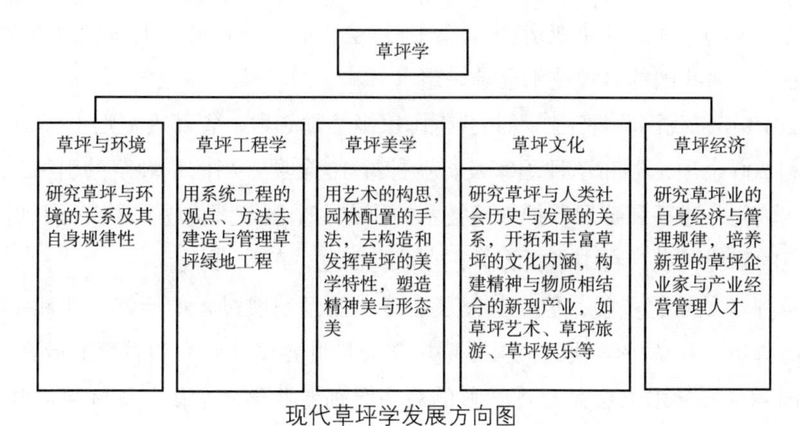

现代草坪学发展方向图

（二）学科进展及研究成果

1. 学科研究进展

我国从 20 世纪 50 年代起开始了草坪的研究工作。中国科学院胡叔良先生推广的野牛草广布于长城内外。我国园林系统在园林研究所设立草坪或地被研究方向的基础上，开展了大量草坪草引种、建坪、养护管理的研究工作。

1983 年 3 月，中国草原学会、中国园艺学会、农业部共同主持在广州市召开了全国第一次草坪学术会议。这次会议是我国草坪科学研究近代史上的里程碑，对我国草坪科学的发展有着深远的影响。中国草学会草坪学术委员会（现中国草学会草坪专业委员会）成立，成为我国草坪研究工作向前发展的发动机。中国草学会草坪学术委员会每两年召开一次全国草坪学术讨论会，已在北京、青岛、大连、上海等地连续召开了 11 次学术讨论会。

20 世纪 90 年代前，我国几乎没有设立过专门的国家级草坪研究课题，而 2000 年后，国家 863 项目、科技支撑项目、国家自然基金、奥运专项、植物转基因专项和国家重大科技攻关项目都相继设立了草坪科研项目，对草坪草抗旱、耐盐碱及分子生物学育种，草坪高效低成本养护，草坪建植与管理和绿地草坪节水等项目进行了立项研究，这对促进我国草坪业科学研究的发展和提高我国草坪业的科研水平具有重要意义。

据统计，我国的草坪学研究于 1997—2006 年在《草业科学》、《草原与草坪》、《四川草原》、《中国草地》、《草业学报》、《草地学报》期刊上共发表草坪研究论文 3700 篇，文献量呈线性增长趋势[4]。草坪学研究除了更多的关注各种草坪草作为园林植物进行栽培及应用方面的探讨外，也进行了草坪草的功能多样性、草坪有害生物与防治等方面的研究。草坪草的生态学、生物学、生理生化、解剖学、细胞学、分子学、基因水平研究已经成为近 10 年来我国草坪学研究的重点和热点。

竞技场草坪最初起源于天然草原利用。由于竞技运动的普及，利用人数的增加，于是设置了专门的竞技场草原。都市发展的同时，各地人工建造的草地也在增多。甘肃草原生态研究所早在 1984 年用直播冷地型草坪草的方法，在兰州市七里河省体育场成功地建成大面积草坪足球场。随后北京亚运会、广州亚运会、北京奥运会、上海世博会等重大活动的成功举办，表明我国的草坪技术已具一定水平。

截至 2010 年，我国草坪工作者共获得国家级奖励 2 项，省部级奖励 10 余项，获得国家发明专利 200 余项，颁布草坪国家及行业标准 10 余项。当前草坪草的引种、天然草坪草的选育、驯化、建坪和草坪养护管理技术的研究在全国范围内得到了广泛开展。一个独具中国特色的草坪科学，在中华沃野上正在孕育而生、茁壮成长。

我国草坪学虽然起步晚，但是其发展迅速，而且发展过程中始终关注和紧跟世界草坪学发展的脚步。在草坪学领域，国际草坪学会是世界草坪研究和教育的最高学术组织，其主办的国际草坪学术大会是草坪学科的最高级别专业学术会议。国际草坪学会成立于 1969 年，是一个非盈利性的学术组织，其宗旨是通过举办国际会议，展示交流各国在草坪生产和科研方面的最新研究成果和信息，推动草坪科学专业教学和科研的发展，促进各国间草坪研究人员的沟通、交流与合作。国际草坪学术大会每 4 年举办一次学术大会，历届主办国包括英国、美国、德国、加拿大、法国、日本、澳大利亚和威尔士等国家。

20 世纪 80 年代起，我国草坪科学研究人员就开始参加该学术会议，并逐步在国际草坪学会担任理事、常务理事等职务。在 2005 年威尔士举办的第 10 届国际草坪学会学术大会上，我国获得 2013 年第 12 届国际草坪学会学术大会主办权。2007 年，我国承办了“第二届国际运动场草坪科学与管理”国际会议。2009 年，在智利举办的第 11 届国际草坪学会上，北京林业大学韩烈保教授当选第 12 届国际草坪学会学术大会主席。这些重大学术活动在中国举办，开创并奠定了中国草坪科学在国际上的重要地位。

2. 学科教学进展

目前我国草坪学科的专、本、硕士、博士，以及博士后人才培养体系初步形成，草坪学学科或专业已遍布国内各省份相关院校，且各地根据当地草业发展的优势与现状，因地制宜地制定了自己的专业方向及培养计划，使草坪教育区域特色突出、发展迅猛。随着学科知识体系的扩展，草业科学专业分布的院校由原来单一的农业院校，逐步发展到综合性、林业类、师范类、体育类等高校，如兰州大学、深圳大学、北京林业大学、北京体育大学、东北师范大学等。

教材是将教学计划和教学大纲所规定的课程目标转化为学生在课堂中的具体学习形式的根基，如果没有好的教材，宏观的课程目标就会失去支撑，人才培养目标就无从实现。

我国在草坪教材方面也有了长足的发展。自1995年第一部全国高等农业院校教材《草坪学》问世以来的十年间，出版相关教材、专著约40余部，为我国草坪高等教育和草坪科技知识推广奠定了基础。

2004年，北京林业大学和甘肃农业大学联合全国23所高校近100位专家编写了草坪科学系列教材（11部），并以此作为全国高等农业院校草坪科学的统编教材。这套教材是对我国草坪教学与科研最新成果的全面总结，填补了我国草坪学科教材建设的空白，为我国现代草坪高等教育的正规发展提供了物质保证。

（三）本学科与国内外同类学科比较

1. 学科内涵比较

现代草坪是第二次世界大战后在美国诞生的。在半个多世纪的发展中，草坪业已与航空、汽车、军火等并列为十大产业，产值是农业中农作物的8倍。2009年已达年产值1000多亿美元。

近几十年，欧洲发达国家尤其重视草坪在现代景观建设、环境保护、环境美化中的作用。英国视草坪为园林景观的完美典型，公共绿地中草坪面积占总面积的80%以上。德国的草坪不仅面积大，种类多，草坪的质量好，而且使用的草种丰富，其草坪业已经发展成为一项体系完整的事业。据统计，德国国土面积的植被覆盖率平均为77%，人均绿地面积为11.2m^2（仅指草坪和森林）。

实际上，和英国等欧洲国家相比，美国的草坪业起步很晚。20世纪以前，真正在房前屋后建植草坪花坛的只有少数富贵者，大多数的普遍家庭对此还是可望而不可即的；社区公共草坪、公园草坪和运动场草坪也同样还很少。

到20世纪下半叶，草坪遍及美国各地，几乎无处不有，成为美国各社会阶层的一道文化景观。1982年，美国有1.2万个高尔夫球场，约有1215万hm^2的绿地，从业人员50万人，产值近250亿美元。1994年，美国的草坪业产值增长为450亿美元。2010年，有人估计美国的草坪业已经成为美国的十大产业之一，年产值1000多亿美元。

“科学技术是第一生产力”。在过去一百多年里，科学研究与技术发明成果的推广应用成为美国草坪科学发展的最强大推动力。主要的科技成果包括：机械设备，草种的引进与选育，草坪专用肥、化学药品、除草剂、杀虫剂、杀菌剂等以及不断改进的草坪建植与管理方法。今天，草坪研究在美国得到广泛的重视，草坪研究在州农业试验站和大学都获得了显著的进展。通过在美国召开草坪会议，草坪研究的成果也得到了应有的关注和普及推广。现在美国的草坪草和草坪研究在贝尔茨维尔农林部农业试验站和加利福尼亚、佛罗里达、堪萨斯、德克萨斯等6个州的大学及农业试验站广泛而活跃地进行着。

在很早以前，日本科学工作者就开始了草坪和草坪草的研究，1928年开始有《花坛和草坪》的著作，并在此以前就开展了草坪建立和养护管理等方面的工作。从19世纪至20世纪初，日本主要从植物分类学角度对结缕草进行了较深入地采集、调查和形态描写工作。1957 年成立日本草坪养护协会，目的在于交流草坪养护管理经验，推动草坪建设的发展。1962 年成立高尔夫球研究所。1972 年 5 月成立了日本草坪研究会，每年进行大型学术活动。

自 20 世纪 80 年代开始到现在的 20 多年时间里，我国草坪业和草坪科学得到了迅猛发展。随着我国改革开放的进一步深入，人们对环境质量要求日益提高，特别是党和政府对生态环境的重视程度逐渐加强，对城市居住环境建设投入力度不断加大，全国的草坪绿地面积迅速增加。住房和城乡建设部城建统计公报公布的数据显示：2000 年，全国拥有城市公共绿地面积 $14.3 \times 10^4 hm^2$，城市人均拥有公共绿地 $6.8m^2$；2005 年，全国拥有城市公共绿地面积 $28.4 \times 10^4 hm^2$，城市人均拥有公共绿地 $7.91m^2$；2009 年，城市人均拥有公园绿地面积增加到 $9.71m^2$。中国草坪业短短 20 多年内走完了国外 100 多年才走完的路，已具备了一定规模，形成了产业雏形，为产业的壮大奠定了坚实基础。

虽然各国国情不同，但是有一点是不变的，那就是随着国民经济的发展，各国政府把草坪业作为一个重要产业来抓，努力保护城市环境质量，美化人居环境，提高运动场地质量。

和国外草坪学发展较好的国家比，我国草坪科学底子薄、研究力量单薄且范围较窄。我国草坪科学已明显滞后于草坪的发展，人才、科技与草坪业脱节。我国草坪专业人才极其缺乏，设有草坪专业的院校不多，培养的高层次人才更少，大量发展低质量、低效果的草坪，达不到预期的目的。草坪业在迅速兴起的同时，草坪科学的研究和教育相对滞后，要发展草坪科研和教学，急需投入大量的人力、物力、财力。

2. 学科体系比较

美国草坪专业主要是培养高尔夫球场管理和草坪管理人才，包括草坪护养、机械、排水、灌溉以及球场运作管理人才，培养任务主要由农业、林业等相关专业院校承担。美国目前有 100 多所高校开设草坪课或设置草坪本科专业，其中 40 多所具有硕士或博士授予权，居世界领先地位。其办学层次分明，结构合理，培养初级专业人才的办学机构占绝大多数，有职业学校、社区学院，还有各种各样的短期培训班，这些办学机构培养的人才满足了美国草坪产业对基层从业人员的大量需求[5]。

美国密歇根州立大学是美国草坪学科最著名的大学，其草坪管理专业培养包括草坪护养、机械、排水、灌溉等管理人才。课程结构包括基础类课程、专业类课程两大块，其中专业类课程包括本体专业类课程（专业基础课程 + 植物科学课程）和高尔夫专业课程两部分，学生毕业总学分为 120，授予农业理学士学位。美国密歇根州立大学草坪管理教学重视专业实践操作能力的培养，如开设有化学实验、农药和肥料应用技术、草坪实践、草坪专题研讨、专业发展研讨会和专业实习等实践性很强的课程[5]。

中国现代草坪教育经历了专题讲座、单门课程教学、本科与研究生（硕、博）系统培养体系的形成和完善 3 个发展阶段。2010 年，国内开设草坪专业或草坪学课程的大专院校 26 所，草坪学科的专、本、硕士、博士人才培养体系初步形成，草坪学学科或专业已遍布国内各省份相关院校。

北京林业大学是中国草坪学科开展较早的学校之一，其草坪管理专业旨在培养能在园林绿化、高尔夫球场、运动场、城市林业等部门从事草坪建植与管理、人工草地栽培、城市生态环境建设的高级科学技术人员。专业课程大多是草业科学学科专业的主干课程，是整个课程体系的主题部分。要求学生主要学习草坪学、草坪有害生物及其防治、草坪营养与施肥、草坪机械、草坪灌溉与排水工程学等方面的基本理论和基本知识，力求做到有利于学生掌握扎实的草坪管理类学科知识。在学生 4 年培养方案中，教学实践环节占据 18.7 周，加上毕业实习及毕业论文的 14 周，学生实践环节长达 32.7 周。

从教学体系上看，国内外草坪学科都是从专科、本科到研究生，从初级到高级的人才培养体系，没有太大的区别。但是由于草坪业的发达程度存在差异，各国对草坪人才的需求存在差异，使得各国草坪学科培养人才的侧重有所区别。美国、欧洲等发达国家主要侧重培养社会需求大的中低草坪管理人才及专业程度要求较高的高尔夫球场、足球场草坪等专业草坪人才。我国由于草坪业发展相对落后，草坪细分行业尚未形成或成熟，所以草坪学科以培养胜任各种草坪管理和研究的草坪复合型人才为主。

三、展望与对策

（一）本学科未来几年发展的战略需求、重点领域及优先发展方向

草坪学科发展目的是为中国的草坪业服务，满足社会对草坪人才和草坪技术的要求。草坪业随着国民经济的发展而同步发展，这是大趋势，将要举行的一些大型国际性或全国性活动的开展无疑是加速草坪业发展的“催化剂”。2008 年奥运会、2010 年世博会和亚运会带动的不仅仅是场馆的建设，还促进了城市总体环境的改造与建设，促进了草坪及相关设备的生产与贸易，其带动作用是全面的、有力的。我国草坪业存在巨大发展空间的有生态环境保护与恢复、城市园林绿化草坪建植、运动场与户外游憩场地建设、草坪养护、草坪机械、灌溉设备、肥料、药剂等的生产与贸易几个方面。

我国草坪教育已有专科、本科、硕士和博士 4 个完整的层次。从教育本身来说，本科教育是基础。从人才市场需求来看各有不同，大专院校和科研单位重点需要研究生层次的人才；产业单位和管理部门需要从专科到研究生的配套人才，以便能用最经济的人力投资完成不同技术水平的生产和研发任务。

为此，我国草坪教育未来发展的战略需求是根据不同层次的培养目标制订出相应的有明显特点的培养计划，避免不同层次专业教育内容趋同，有区别地培养专科、本科、研究生等具有不同能力特点的高级草坪专门人才，以便有效利用教育资源，提高办学水平和效益，满足市场对配套人才的需求。

结合国外发达国家草坪教育的发展经验和我国草坪业发展的实际，未来我国草坪教育重点发展的领域主要有两个。一是重点培养社会需求量大，草坪专业技能要求相对较低，

服务于我国生态环境建设、城市绿地建设、绿地养护管理的中低草坪管理人才。二是重点培养专业程度高，社会需求潜力大的高尔夫球场、足球场、赛马场等专业运动场草坪管理人才。

（二）未来几年发展的战略思路与对策措施

1. 发展思路

产业是吸纳专门人才的最大市场，草坪学科人才培养必须紧随草坪业的发展[6]。从草坪业发展的现状和未来发展趋势看，主要集中在三个方面。

一是草坪建植在城市园林绿化中的发展空间最大。城市化和城市绿化水平的提高给草坪业带来无限商机。中国正在加速实现城市化，到本世纪中叶，城镇人口将达到7亿～8亿，尤其是在中小城市，面积的扩大需要增加大面积园林绿化，增加部分可能远远超过现有城市绿地总面积。全国草坪面积的保守估计是5亿 m^2，每年的草坪养护市场是一个十多亿元的“大蛋糕”。

二是运动场馆的发展为草坪业的发展提供了巨大的发展空间，它与经济发展和人民生活水平的提高密切相关。人们生活水平提高后，更加重视体育锻炼和休闲娱乐，对运动场地的建设也有更高的要求。高尔夫球场是草坪运动场中的“大户”。一个18球洞的球场需要40万～60万米^{2}的草坪。中国在1994—1996年，每年有2～3个高尔夫球场建成，1996—2004年每年建成20个左右，2004年后每年建成60个左右，目前总数已达600余个。亚运会以前，全国草坪足球场不足10个，而2001年时已超过2000个，目前已经超过1万个。现在全国普遍重视教育，学校对学校运动场建设的投入较大，这方面的草坪人才的需求也很大。

三是植被恢复生态环境建设的潜在巨额需求。就植被恢复生态环境建设的发展而言，其播种方式经历了从单一的外来牧草种播种到混合的牧草种播种，再到外来牧草种与木本类种子混合播种，至今已发展到采用乡土种的草、灌、花、木等混合播种。我国交通基础工程建设多以破坏土地资源自然生态环境为代价开展现代化建设项目，例如，我国高速公路建设工程每年产出的裸露边坡2亿～3亿米^2，合30万～50万亩，并且线性分布，影响面大，是我国新的水土流失源。植被恢复生态环境建设已成为我国环境科学与草坪科学领域的热门课题。

因此，草坪科学未来的发展思路就是以教育为社会生产实践服务为出发点，提倡教育与产业相结合，把培养生产服务型人才作为我国草坪教育的发展基石。具体根据产业的需求和发展趋势，优先培养生态环境建设、城市绿地养护的草坪管理人才和专业运动场草坪管理人才。

2. 发展对策

从世界草坪科学和草坪业发展的历史来看，草坪教育是伴随草坪业发生、发展而兴起。由于草坪业是一门社会生产行业，对人才要求着重解决生产实际问题，强调动手技能，因此，草坪教育与其他教育相比，其独特之点是更为强调教育为生产服务，教育与产业相结合。结合我国草坪业和草坪教育的发展现状，完成历史赋予草坪科学的崇高使命，实现“优先培养生态环境建设、城市绿地养护的草坪管理人才和专业运动场草坪管理人才”的发展战略，可采取如下几点对策。

一是实行“生产—科研—教育”的人才培养模式。为了适应市场经济要求，达到发展我国草坪高等教育的目的，实行“生产开发（典型工程）—科研（解决产业生产中出现的难题）—教育（在生产实践中培养人才）—人才输送的人才培养模式”。

加强草坪科学研究，提高草坪建设科学技术含量，普及草坪科学知识，把我国草坪学推向新的高度。我国草坪科学研究已取得很大进展，但草坪科学研究无论从内容、方法、人才等诸多方面都需进一步加强。从内容上看，我国幅员广大，自然条件复杂，因地制宜发展不同草坪很值得重视，草坪地理分区的研究十分重要。此外，稳定优质草坪的结构特征与功能过程、主要草坪植物栽培技术体系与模式化、草坪生态系统退化与营养物质循环、草坪植物繁殖特性与生产、草坪建植与可持续利用、胁迫与草坪生长发育条件、草坪育种、新技术应用、草坪病害等都有许多值得深入研究的问题。要切实转变观念，实现全社会和企事业单位共同研究的多元研究格局。科研机构和企业相结合，利用企业资金搞科研，从而服务于企业，增加资金来源，加快科技成果转化，提高转化率。企业实行强强联合，优势互补，降低成本，增强市场竞争力。

实行“生产—科研—教育”的人才培养模式，摒弃旧的“关门”办学的封闭式培养方式，强调教学与生产、科研任务相结合，强调培养对象与用人单位相结合，从而使草坪教育与市场相沟通，将草坪高等教育纳入市场经济服务的良性循环体系。通过选择引入竞争机制，调动教育与学员内部积极性，从而提高教学质量，使草坪教育进入自我促进、自我发展的科学轨道。

二是重视师资建设，加强校际协作，提高教学质量。1998 年以来，草坪科学本科专业增加迅速，但大多数新开办的专业和专业基础课教师十分不足。2011 年，草学学科升为国家一级学科，其下设草坪学二级学科，国内各高校设置草坪专业愿望更加强烈，但是大多数新办专业的教师为 5 ~ 7 人。师资不足是新办专业的最大困难之一，尤其是一些有了二、三年级学生的新学校，草坪专业课师资更感紧迫。解决的办法除了内部挖潜和外部招聘硕士以上的专业人才外，还可通过加强校际交流协作，共享教师资源；通过教育主管部门或中国草学会，举办专业师资培训班；充分发挥离退休高水平教师的作用，聘请条件允许的离退休名师承担一定的教学任务，以便从数量和质量上迅速解决师资问题，高质量地培养专业人才[2]。

三是加强国际草坪学教育交流，迅速赶上世界教育水平。近年来，我国草坪的国际交流日益频繁，但真正的教育方面的交流极少。我国的草坪教育在科学指导思想上虽处于先进水平，但在必要的校内外教学科研基地、仪器设备等硬件建设，草坪病虫害、草坪杂草、草坪土壤、草坪灌溉与排水、草坪草生物技术、草坪实习实验等课程和教学环节的软件建设上，都与国外的同类专业有相当大的差距。为此，我们应加强国际草坪教育交流，借鉴和吸收国外先进的办学思想、办学模式和教学方法，加强社会实践性的教学环节，提高学生的实际动手能力，以便在教学的整体上迅速赶上世界先进水平。

四是加强草坪教学理论与实践研究。当前草坪教学理论研究比较缺乏，大多是局部的、单一的实验研究。大多数学校的教育工作者主要忙于科研，对草坪教学理论和实践的研究不太重视。仅有的零星草坪教学研究大多没有落到实处，有很多研究也并未触及到草坪教学改革的要害，而是为了单纯的理论研究而研究，离实际中的教改需要还有一定的距离。加强教学理论与实践研究，探索培养合格草坪人才的方式和模式，是推动我国草坪教育发展的基石，也是草坪科学能否完成历史赋予的崇高使命的关键。

参考文献

[1] 孙吉雄. 草坪学（第三版）[M]. 北京：中国农业出版社，2008.
[2] 胡自治. 中国草业教育发展史：1. 本科教育 [J]. 草原与草坪，2010（1）：74-73.
[3] 白小明. 不断创新，构建独具特色的草坪教学体系 [J]. 草原与草坪，2008（6）：20-21.
[4] 任永宽. 我国草坪学研究文献的统计分析. 草业科学 [J]，2010（1）：60-64.
[5] 尹淑霞. 美国密西根州立大学草坪科学教学特色 [J]. 中国林业教育，2006（6）：66-68.
[6] 任继周. 草坪业是我国全民共有、全民共建、全民共享的伟大事业. 草地学报 [J]，2008（6）：545-546.

撰稿人：韩烈保　常智慧

ABSTRACTS IN ENGLISH

Comprehensive Report

Advances in Pratacultural Science

1. Introduction

Pratacultural science is an emerging discipline in China which developed rapidly in the past decades and has revealed good development prospect. Pratacultural science relates directly to the ecological and food security and is an important link in sustainable agriculture. Following the increasing attention and the unremitting endeavour, pratacultural science has now achieved tremendous progresses in new variety breeding, artificial grassland construction, grassland improvement, pest control, grass products processing, livestock feeding and ecological restoration, and has produced good social and economical benefits in social practice.

Based on the general background of national discipline development research report, which summarizes and evaluates the research progresses, achievements, new technologies, new methods and progresses in discipline development and personnel training in recent years, to expound the application effects and contributions of the newest achieved research progresses and important scientific and technological achievements in sustainable agriculture promoting, ecological security guaranteeing and farmer–herdsmen income promotion.

This report studies and analyzes the develop status, dynamics, tendency and the comparison between domestic and overseas levels of pratacultural science from the following aspects: genetic breeding of leguminous forage grasses, forage grass cultivation, forage grass processing, grassland plants protection, grassland resource and ecology, grassland management and administration, to follow up and burrow the development frontier of cross–discipline subjects, to expect the prospect and target of pratacultural science, and finally put forward the future study emphases and development directions based on the strategic demands of society, economy and ecology.

2. The recent advances in the past two years

In recent years, the formulation of some rules like THE GRASSLAND LAW provided legal protection, the presentation of scientific outlook provided ideological basis, the increasing attention of the country on food and energy security provided space, and the growing awareness of ecological protection from the whole society provided good social environment for the development of pratacultural science. As a result, some achievements with international influences generated because of the great scientific innovation and the application of new technologies of the projects like 863, 973 and the National Natural Science Foundation of China.

The analysis of the important agronomic characteristics of plants becomes easier as a result of the development of the second generation of genome sequencing technology. The gene cloning level for the universities and scientific research institutes has already caught up with those internationally renowned institutes. The team of Tao Wang (China Agricultural University) has found some functional genes that play significant roles in alfalfa resistance through gene cloning, genetic transformation and functional analysis (Li *et al.*, 2011). Currently proved is the fact that drought resistance closely related gene *MtCAS31* has been correlated to drought resistance of plants and stomatal development (Xian *et al.*, 2012). In addition, Tao Wang team has established the vector construction technology platform of multigene transformation, which laid a foundation for the realization of poly-character genetic improvement of forage grasses (Ma *et al.*, 2011). Zhenfei Guo team (South China Agricultural University) has screened out the genes that expressed differently in the response of cold intolerant alfalfa and sickle alfalfa (*Medicago falcata*) to cold stress through RNA inhibitory hybridization technology, and has studied the express characteristics of the genes related to alfalfa cold resistance under cold and other stress conditions, which has revealed the molecular mechanism of alfalfa to cold stress to some extent, and has provided selective functional genes and genetically marked genes for the cold resistant molecular breeding of forage grasses (Zuo *et al.*, 2013). Wenhao Zhang team (the plant industry of Chinese academy of sciences, 2013) has compared the anti-freezing reactions of *Medicago falcata* and *Medicago truncatula*, and found that the expression quality of CBF3 (transcription factor) and CAS (cold specifically expressed gene) are positively related with plant soluble sugar and freezing resistance. Additionally, Lanzhou University, Gansu Agricultural University and Inner Mongolia Agricultural University also conducted the genetic improvement of forage grasses. Currently, the drawing of the genetic maps of alfalfa, orchardgrass and sorghum hybrid sudan grass has already been started.

As for the germplasm resources, currently one central library (the national animal husbandry station forage germplasm resources preservation use center, Beijing) and two back-up libraries: temperate grass germplasm back-up library (the Chinese academy of agricultural sciences institute of grassland, Hohhot) and tropical grass germplasm back-up library (China tropical agricultural academy of sciences institute of crop variety resources, Danzhou) have been established. The 17 germplasm repositories and the 10 technological cooperative groups in ecological area have already covered the protection and utilization system of the national grass germplasm resources of the 31 provinces (municipality cities and direct-controlled municipality cities) . Up to 2012, 22989 forage germplasm have been evaluated the agronomic characteristics and more than 6000 have been evaluated and identified the resistant capability. The acquirement of the fine characteristics provided the exploration of excellent genes, the innovation of germplasm and the genetic breeding of forage grasses with a solid foundation.

For a long time, the founding used on forage grass cultivation and utilization was far from enough, which resulted in relatively poorer scientific and technological supports in forage grass production. In spite of the disadvantaged environmental conditions, the scientific and technical workers of forage grass cultivation still achieved significant research results in forage grass cultivation and generalization. Some domestic institutes have studied the relationship between the forage grass growth and the environment, forage grass cultivation technology and the nutrition management of forage grasses, all of which have further accelerated the planting of forage grasses. For alfalfa, the planting area had already reached 3774.93 thousand hm2 in 2011, which had increased 85.6% times compared with that of 2001 (the national animal husbandry station, 2011) . The formation of forage planting regionalization and research station branches provided powerful guarantee for the collection and sharing of information as well as the increase of forage grass productivity.

As for forage grass processing, the processing and ensiling technique flows have already been established for different forage grasses, as expressed in the issued industrial standards like NY/T728-2003 grass hay quality grading, NYT 1574-2007 leguminous forage grass hay quality grading, NYT 1575-2007 grass grain quality inspection and grading, etc, and some local standards like DB51 T 684-2007 alfalfa granule processing technical regulation. All the standards and technical regulations will standardize the quality assessment and production of grass products. Currently, alfalfa hay and granules have been generalized and utilized in some large-scale dairy farms, the silage based on cornstalk is now dominating the traditional advantage areas of north, northeast, central and northwest of China.

For grassland protection, systematic technical systems aimed at disease, pest, rat and poisonous weeds control have been established and certain progresses have been made in damage traits and control methods based on the above damages. In addition, the study on grassland resources investigation, restoration and re-establishment of grassland ecology, grassland carbon storage, biological diversity and grazing management play important roles in the rational use of grassland, solving forage grass safety and supply and accelerating the comprehensive, balanced and sustainable development between the national economy and the society.

According to the discipline development and social demands, pratacultural science has become the first-level discipline of undergraduate education. At present, up to 31 scientific research institutes recruit undergraduate, postgraduate and PhD students majoring in pratacultural science, the team keep growing and the personnel training system of pratacultural science has been established, which accelerated the enrichment and development of pratacultural science theories, and the related standards and regulations have been consummated, along with the conspicuously enhanced international cooperation and exchange. In Sep 2013, up to 90 Chinese experts had participated the 22nd international grassland congress held in Australia, professor Yingjun Zhang had been invited to do the keynote speech entitled THE PROSPEROUS GRASSLAND AND THE HARMONIOUS SOCIETY, which reflected the improvement and the increase in international reputation of pratacultural science.

3. Research progress comparison between domestic and overseas

The progress in the basic theory of pratacultural science is mainly performed as the establishment of functional gene research system, and so far all the model plants belong to grasses. For instance, *Arabidopsis* became the basis of gene function research since the sequencing and the establishment of mutant library. In recent years, lots papers relate to the functional genes concerning with the resistant capability and morphological development of alfalfa and the symbiotic nitrogen fixation of alfalfa with microbes have been reported. The relationship between legume-rhizobia symbiotic nitrogen fixation and the evolution of microbe have been revealed (Yong et al., 2011, Nature). Moreover, millet (Yugu NO.1) and green foxtail grass have been put forward by American scientists to be used as the model plants of C4 plants because of their relatively smaller genomes and more individual grain weight. The genomic sequencing of the two plants have been finished; their genetic transformation and regeneration have been reported successfully. The establishment of the research system of these model plants will accelerate the speed of gene cloning, genetic research and breeding. Now the main direction is to cultivate new forage grass varieties with good resistant capability and quality.

Additionally, the genome sequencing project of *Medicago truncatula* conducted by the institutes of America, France, Hungary and Germany finished in 2008, while the researches on gene annotation and function verification is still on the march. The genome institute Joint (United States Department of Energy) determined the sequence of *Brachypodium distachyon*, and currently the regeneration and genetic transformation systems have been established, reports on use it as model plants of temperate grasses keep increasing.

Currently, studies on the resistance of adversity stress of alfalfa are relatively more in-depth, a large number of transcription factors relating to stress resistance and genes that generate the substances protecting cells from stress damage have been cloned and functionally identified(Suzuke *et al.*, 2012) . To increase of the CT content in alfalfa has being an important study content in improving alfalfa quality. The studies have proved that CT expression is not regulated by a single dominant gene, some alfalfa varieties do not contain CT, and some annual alfalfa leaves do not generate tannin (Yanjun Wang, 2011) . Dihydroflavonolreductase reductase (DFR) is the key enzymes relating to the formation of condensed tannin, and has been conducted the genetic transformation and functional study in tobacco. As for herbicide resistance, new alfalfa varieties which were glyphosate herbicide resistant and cooperatively researched and developed by American Monsanto Company and forage genetic international company have been permitted to release in 2012, which means that genetically modified alfalfa will be rapidly developed and generalized globally like genetically modified cotton, soybean and maize, etc.

Studies on improved varieties concentrated mainly on the nutrient quality and digestibility of forage grasses, and on increasing protein content and decreasing lignin content. America has acquired modified alfalfa varieties with low lignin content and high digestibility through genetic engineering. For alfalfa, Dixon laboratory cloned and identified a tannin synthetase gene LAP1 (2009) which is closely related to anthocyanin synthesis. The over-expression in alfalfa revealed that abundant pigments have been synthesized, especially for the synthesis of anthocyanin under stress conditions. For the study of genetic map, lots researches have been carried out on the distant hybridization among grasses like Agropyron, Elymus, Festuca, Lolium perenne, Hordeum and leguminous Medicago plants in America, Britain, France and Japan, some good results have been obtained in genetic mapping, DNA fingerprint identification, marker-assisted selection and map-base clone with molecular markers like RFLP and SSR.

For herbage plants, great progress have been achieved in the new technology application of genetic breeding, especially for the scientific research team constituted of 8 departments like the Chinese academy of agricultural sciences' institute of crop science and the Chinese academy of sciences institute of genetics and developmental biology, which completed the establishment of millet haplotype map and the correlation analysis of the whole genome of 47 main agronomic characteristics, the related results have been published on Nature Genetics in Aug 2013. Additionally, the scientific workers studied the genetic diversity and the group genetic relationship of Hemarthria compressa with SRAP and EST-SSR molecular markers. Aimed at the poor cold resistant capability of the warm season turf grass of the genus zoysia, cold resistance and the related molecular markers (SSR and SRAP) during green period were studied using correlation analysis, and high density SSR genetic linkage map has been established, which provided foundation for the further analysis of the genetic variation pattern and mechanism of cold and drought resistance of genus zoysia. As the rising of molecular biological techniques, transgenic technology has become an efficient method for grass breeding.

The genetic diversity of 45 orchardgrass germplasm from 4 continents and 7 countries have been analyzed with RAPD, ISSR, SRAP and SSR systems, and abundant genetic variations have been found among different germplasm, all the varieties could be identified rapidly. High density genetic linkage map of Italian ryegrass has been established with SSR, AFLP, EST-CAPS and RGA-CAPS. The genetic diversities of wild pamiricus bean, *Medicago sativa* and *Medicago falcate* have been analyzed, the genetic linkage maps have been established with SSR. ISSR markers of *Festuca arundinacea* that related to its heat and summer resistances have been screened out to explore and provide basis for new variety breeding. The genetic diversities of *Elytrigia repens* and rhizomatous chinese wildrye were studied with ISSR and AFLP. Elytrigia plants (Elytrigia intermedia and Elytrigia elongata) were guided into wheat with somatic hybridization, and then genetically orientated and analyzed the disease and salt tolerant genes from Elytrigia to make clear the resistant mechanism and to acquire disease and salt tolerant Elytrigia-wheat addition line. Moreover, to breed new varieties with good comprehensive properties through the polymerization and selection of genes regulating the target properties like yield, quality and resistance. For instance, to polymerize and guide the functional genes of NHX and VP which are drought and salt tolerant from eremophyte *Xerophytic overlord* into birdsfoot trefoil to obtain new lines with good drought, salt and infertility resistant capabilities. Hua et al (Yanming Zhu laboratory, Northeast Agricultural University, 2012) guided S-adenosylmethionine synthetase gene GsSAMS2 into alfalfa and increased the alfalfa salt tolerance significantly. Song et al (Wenhao Zhang team, 2012) found the correlation between the abiotic stresses (cold, drought and salt) of *Medicago truncatula* and genes HD-Zip and MtHB2, and speculated the negative correlative of this gene with plant resistance through the study on genetically modified arabidopsis thaliana. For a long time, traditional breeding was the major method for new variety breeding, but with longer periods and more difficulties. Therefore, the methods of molecular biology will play a more and more important role in new grass varieties breeding.

Up to 2011, 75 alfalfa varieties have been validated and registed (*Medicago sativa* L. 54, *M. falcata* L.2, *M. varia* Martin 14, distantly hybridized alfalfa 3, *M. hispida* Gaertn 1 and *M. lupulina* L. 1), within which, more than 50% are local and introduced varieties, while improved varieties are rare and with less prominent comprehensive characteristics. In general, the alfalfa breeding in our country is relatively weaker compared with the quality and quantity of the external improved varieties. To sum up, this discipline has preliminarily built the research system of grass breeding, and the forage grass germplasm protection system has become mature progressively.

In recent years, the grassland management, plant protection, grassland resource and ecological science, grassland economy developed rapidly. Some studies, techniques and sub-disciplines have already reached the international advance level, while as a whole, it is still lagging behind compared with the international leading level.

4. Development tendency and outlook on pratacultural science

As an emerging green industry, pratacultural science will get great attention from the society, which makes it more energetic, and which will also exert a more and more important impact in realizing production development, prosperous livelihood and ecologically excellent construction of harmonious society.

China is a country of abundant grassland resources with nearly 400 million hectares of natural grasslands. While some grasslands showed degeneration, desertification or salinization, and been damaged the biological diversity or been injured by diseases, pests and rats due to human activities. To restore and re-establish the ecology, the demand for excellent forage grass varieties has been increased, which pointed out directions for the development of pratacultural science.

For grass genetic breeding, we should: 1. Enhance the collection, preservation, sharing and utilization of grass germplasm; 2. Enhance the assessment, identification, innovation and utilization of grass germplasm; 3. Enhance the gene cloning and functional identification of important stress resistant qualities of grass germplasm; 4. Enhance the utilization of modern biotechnology (molecular marker-assisted selection, genetically modified breeding technology, etc), space breeding technology and polyploidy breeding technology to carry out the breeding research and to accelerate the progress of new grass varieties with excellent biological characteristics as well as with high quality, high quantity and high resistance; 5. Enhance the team construction of grass breeding research; 6. Enhance the screening and initiation of high efficient forage additives to boost the high efficient utilization of forage grass products; 7. Enhance policy guidance and investment degree.

For forage grass cultivation discipline, emphasis should be focused on the screening of the dominant cultivation varieties, the improvement of cultivation method, the research and development of Rhizobia inoculants based on leguminous forage grasses, seeding technology and weed control technology in seedling stage. Accordingly, soil determination and fertilization system, fertilization model with the nutrients as a core and irrigation model based on forage grass demand and natural water supply should also paid attention to.

For forage grass processing, regulation technologies that inhibit nutrient deterioration should be enhanced, to study and explore the dynamics of nutrients during storage based on different materials and modulation measures, and to keep available nutrients efficiently. To formulate quality standards of forage grass products that corresponding to Chinese characteristics and to enhance the screening and production of wide spectrum and complex biological additives as well as the production and technology utilization of silage in southern areas.

For grassland plants protection, attention should be focused on the establishment of forecast network used for diseases and pest monitoring, to regulate appropriate economic threshold (viz. control indices). To enhance policy support and funding investment, to establish special project and sustainable control system, to monitor the occurrence dynamic of foreign grassland diseases, and to prevent the introduction of external diseases, to breed some new varieties with disease resistant capability and with our own intellectual property to increase forage grass variety and quality from seed; to prevent disease and pest damage with biological agents and predators, and meantime, to use chemical pesticides rationally.

For grassland resource and ecology, attention should be focused on vegetation restoration and re-establishment, and especially on the effect of grazing on vegetation. To enhance the mechanism study on positive and negative feedback regulation and the basic application study of grassland management model guided by grazing ecological theory; to enhance the carbon circulation study of grassland ecosystem affected by global climate, and focus on the rational allocation and ecological optimization of grassland resource.

For grassland operation and management, the main task is to prevent the large scale occurrence of grassland disasters, and to consolidate the available grassland resources, to increase the degree of grassland restoration and to accelerate the establishment of artificial grassland, to increase grassland yield, pay attention to the rational usage of grassland resources, and alleviate feed-animal and solve agriculture-grazing imbalances, so as to promote the harmonic, stable and sustainable development of agriculture and animal husbandry.

Written by Wang Kun, Han Liebao, Meng Lin, Dong Shikui, Sun Hongren, Deng Bo, Shao Xinqing, Ban Liping, Zhang Wanjun

Reports on Special Topics

Advances in Genetics and Breeding of Herbage Plants

As an important production resource in pastoral agriculture, herbage crop cultivars played vital roles in the areas such as pastoral production and quality improvement, stress resistance enhancement of herbages, widespread of herbage crops, natural pastoral land improvement, cultivated pasture establishment, soil and water conservation, natural environmental protection, etc.

This report reviewed the development history of genetics and breeding of herbage plants in China and described its present status and foreground. Since the Chinese Herbage Cultivar Registration Committee was set up in 1987, 444 herbage cultivars have been registered in China, including 167 newly bred cultivars, 139 introduced cultivars, 89 domesticated wild cultivars, 49 local cultivars. In the same time, 41, 214 herbage accessions have been preserved in the cryopreserved gene bank, including 82 families, 478 genera, and 1420 species. 21, 590 accessions have been evaluated and characterized for selected agronomic traits, 5, 519 accessions have been evaluated and screened for their stress tolerance and disease resistance. These achievements promoted the development of pastoral agriculture in China. The report predicted development tendency in future and proposed suitable development strategy on this field in China.

Written by Li Cong, Yun Jinfeng, Meng Lin, Wang Zan

Advances in Forage Cultivation

This report provides a comprehensive review on the development of the subject of Forage Cultivation, including its historic evolution, recent progresses, comparisons with foreign counterpart, and prospects and strategies for future development of the subject. Despite the fact that ancient Chinese people gained the knowledge of forage cultivation and commonly used the knowledge in farming practices, the science and technology in a modern sense is only a more recent development beginning in 1930s when the subject was first taught in universities and colleges. Forage Cultivation has been defined as the subject that deals with the regulations of forage plant growth and development and their relations with environments, the scientific mechanisms related to yield and nutrient quality of forage crops, and technical approaches to increase forage crop yield and quality. In recent five years, a number of researches have been done in China that cover forage crop physiology and ecology, planting methods, irrigation and fertilization management, and forage rotation and intercropping with other crops. Although great progresses and achievement has been made in Forage Cultivation research, there are great challenges faced, and problems to be solved, by the subject. The priority areas for future research include forage production under sever environmental stresses, water-saving forage cultivation, efficient forage fertilization, and information technology based and intelligentized tools for forage production.

Written by Li Xianglin, Shi Shangli, Sun Qizhong, Sun Hongren, Wan Liqiang

Advances in Forage Production

The forage production and the economic management of that is one of the important subjects of the grassland science. During the development of forage production and the economic management of that, the utilization of forage material, the exploitation of forage additives, the forage machine, and the utilization of forage production in animal rations, have made great progress. Compared with the similar internal or external subjects, we should optimize the research staff, raise the research funds, establish the key lab, demonstrate the research base to form the economic management theoretics with the deep exploiting material characteristics, screening or rebuilding bio-additives of forage production, controlling the forage production chemical composition, founding the quickly and exactly analytic system of forage production.

Written by Yu Zhu, Jia Yushan, Xu Qingfang, Yang Fuyu, Bai Chunsheng, Na Risu

Advances in Grassland Protection

Grassland Protection is the most important branch of Grassland. The objective of the grassland protection science is to understand the occurrence of plant diseases, pest insects, rodents, Poisonous weeds and damages of the impact produced new effect. And also understand the natural enemies, especially focusing on theories and methods for research on biology, occurrence and sustainable Prairie IPM. In recent years the global climate change, plant community's structure changes, human activities were produced new effect on population dynamics, occurrence and its damages of grassland pests. The challenges of grassland pests were promoted the development of the basic research in grassland plant pathology, grassland entomology, grassland weeds, grassland rodents and its natural enemies, and as well as establishing the technique system of persistent supervising, forecasting, emergency response and sustainable management. And also bring a new opportunity and vitality to other related research areas.

In this review, main advances and achievements in grassland plant pathology, entomology, weeds and rodents in China in recent years, especially from 2005 to 2008, were summarized in four aspects:

(1) Overview and historical review of grassland diseases and main monographs. Progresses on occurrence of grassland diseases, effects on health of live stocks, pasture breeding for disease resistance, biological control, management systems and prospects strategies of the grassland disease research.

(2) Overview and historical review of grassland diseases; progress on the forecasting an integrated management technology; major results in grassland pest insects research; application of the new bio-pesticide such as Metarhizium; problems and countermeasures in grassland pest insect research.

(3) Overview of grassland rodents and the development stages of countermeasures; the main area of occurrence and distribution of rodent species; relationships between rodent population and climate changes; causes of outbreaks and control measures of grassland rodent disaster.

(4) Overview and history of grassland poisonous weeds research; progress on basic biology, its distribution and spread of invasive of main poisonous weeds in grassland ecosystems; Comprehensive countermeasures, information system, utilization of grassland poisonous weeds;

important results, presence problems and its solutions in grassland poisonous researching.

In conclusion, in order to enhance capability of independent innovation, were compared those achievements to advanced international standards, predict development tendency in future and proposed suitable development strategy.

Written by Zhang Zehua, Li Chunjie, Yasen Shali, Wu Huihui, Tu Xiongbing

Advances in Grassland Resource and Grassland Ecology

The grassland biome potentially covers 36% of the earth's surface, approximately equivalent to the forest area and the area of arable cultivation. Grasslands play an important role in the dynamics of atmosphere, hydrosphere and continental surface interactions driving global changes and environmental hazards, or adjusting to them. Grasslands therefore play a vital role in the structure and functioning of the overall landscape. They also contribute to effects on agronomic, social, environmental and economic activities at national, regional and catchment scales. In the second half of the 20th century, production-oriented research made impressive contributions to technical developments which helped to meet the food requirements of an expanding world population. These developments involved increasing specialization in land use and in food production techniques, with progressive separation between food crop production and animal production. It is now recognised that these developments have contributed to serious long-term effects on the stability of the world's land and water resources, and on environmental hazards. Grasslands are particularly important in this spectrum of issues, in view of their dominant contribution to land use in many parts of the world, and because they occupy the nexus between the production functions and the environmental impacts of land use strategy, with implications for resource stability, biodiversity and global change. Also, they are an essential component of integrated land use systems which incorporate flexible combinations of cropping, pasture and forestry.

The objective of this report is to show main advances and achievements in grassland resource and grassland ecology in China in recent years, especially from 2008-2011, were summarized in five aspects:

(1) Progress on the research of grassland resource, including research advances in: the first grassland resource inventory, the second grassland resource inventory, and application of '3S'

technology in grassland resources survey.

(2) Progress on the study of grassland ecological restoration and rehabilitation, involving research advances in: the study of grassland degradation and ecological restoration mechanism, theory and practice in the process of returning farmland to forest and grassland, theory and practice of grassland ecological restoration, and theoretical system of grassland ecological restoration basing on soil.

(3) Progress on grassland and global climate change, involving research advances in: grassland carbon storage and carbon cycle, biodiversity of grassland, and response of grassland C3 and C4 plant to global climate change.

(4) Progress on grazing ecology, involving study advances in: theory and practice on forage and animal balance, the research on grassland grazing ecosystem, and the relation of grazing and grassland degradation.

In conclusion, in order to enhance capability of independent innovation, we should also compare those achievements to advanced international standards, predict development tendency in future and propose suitable development strategy.

Written by Wang Kun, Fan Jiangwen, Shen Yuying, Rong Yuping, Lin Changcun, Shao Xinqing, Huang Ding

Advances in Grassland Management

Grassland management is the major branch of Grassland science. Grassland management science is a distinct discipline founded on ecological principles with the objective of sustainable use of rangelands and related resources for various purposes.

This report reviewed the development history of Grassland management science in China and described its present status and foreground. In this review, main research advances and achievements of grassland management, especially focused on grazing system management, fire ecology and establishing of the legal system of grassland management in China in recent years were summarized. The plenty of basic research on the grazing impact on grassland are the significant foundation for the grazing ecosystem management. The worth noting thing in grassland management is the mechanism establishment of grassland ecology conservation compensation and forage - livestock balance management in China.

The report also analyzes the shortage compared to developed countries and predicted development tendency of discipline in future and proposed suitable development strategy on this field in China.

Written by Zhang Yingjun, Han Guodong, Zhang Jiquan, Cao Wenxia, Liu xingpeng, Huang Ding

Advances in Turfgrass Education

Turf is one of the blessings of nature and includes both service and beauty, a concept which originated when man started to domesticate animals. With the turfgrass industry expanded during past 30 years, the turfgrass education development rapidly in China. Now there more than 26 universities across China provide turfgrass major or courses, and the undergraduate education for turfgrass industry has begun to take shape.

Compared With developed countries, there are still many deficiencies in the curriculum system. Contemporary turfgrass education in China must be relevant, timely, thorough, continuous, and offer consistency between scientific principles and field practices. The education imperative calls for the development of a balanced set of education and training policy measures, that are industry driven, and that make best use of the education and training providers.

Written by Han Liebao, Chang Zhihui

索　引